广西高等学校高水平创新团队及卓越学者计划资助

高职学生专利与计算机软件著作权申报

主　编 ◎ 黄　莺　　侯小俊　　陆芳珍
副主编 ◎ 刘汉源　　谢莉丹　　李景相
　　　　　潘中玉　　李　祺　　卢达兴
主　审 ◎ 邵长春

西南交通大学出版社
·成　都·

图书在版编目（CIP）数据

高职学生专利与计算机软件著作权申报 / 黄莺，侯小俊，陆芳珍主编. —成都：西南交通大学出版社，2021.11
　　ISBN 978-7-5643-8361-9

　　Ⅰ. ①高⋯　Ⅱ. ①黄⋯　②侯⋯　③陆⋯　Ⅲ. ①软件 – 专利申请 – 中国　Ⅳ. ①G306.3

中国版本图书馆 CIP 数据核字（2021）第 231492 号

Gaozhi Xuesheng Zhuanli yu Jisuanji Ruanjian Zhuzuoquan Shenbao
高职学生专利与计算机软件著作权申报
主编　黄莺　侯小俊　陆芳珍

责 任 编 辑	赵玉婷
封 面 设 计	严春艳
出 版 发 行	西南交通大学出版社
	（四川省成都市金牛区二环路北一段 111 号
	西南交通大学创新大厦 21 楼）
发行部电话	028-87600564　028-87600533
邮 政 编 码	610031
网　　　址	http://www.xnjdcbs.com
印　　　刷	成都蜀通印务有限责任公司
成 品 尺 寸	170 mm × 230 mm
印　　　张	11.5
字　　　数	154 千
版　　　次	2021 年 11 月第 1 版
印　　　次	2021 年 11 月第 1 次
书　　　号	ISBN 978-7-5643-8361-9
定　　　价	29.00 元

课件咨询电话：028-81435775
图书如有印装质量问题　本社负责退换
版权所有　盗版必究　举报电话：028-87600562

前 言
PREFACE

2017年10月18日,习近平总书记在党的十九大报告中强调:倡导创新文化,强化知识产权创造、保护、运用。2016年5月30日,习近平总书记在全国科技创新大会、两院院士大会、中国科协第九次全国代表人会上强调:要加强知识产权保护,积极实行以增加知识价值为导向的分配政策,包括提高科研人员成果转化收益分享比例,探索对创新人才实行股权、期权、分红等激励措施,让他们各得其所。《广西壮族自治区专利条例》中提出:鼓励高等院校开设专利课程。2016年以来,我校出台《柳州铁道职业技术学院专利管理办法》《关于印发柳州铁道职业技术学院创新创业教育改革实施方案的通知》(柳铁校发〔2016〕56号),文件指出:"鼓励学生申请发明专利,符合条件的给予资助和奖励支持。""允许教师在符合法律法规和政策规定条件下,经学校批准,持高水平科研成果或发明专利从事创业或到企业兼职开展技术研发、产品开发、技术咨询、技术服务等成果转化活动,并取得相应合法股权、薪资或奖金。"这为我校开展创新创业教育和专利申报、保护、运用等工作提供了制度保障、组织保障、经费保障、权益保障。2018年学校将知识产权方面知识纳入学生必修课程内容,鼓励开展科技创新活动,培养学生专利意识,加强学生对专利的培育和申报。

综合以上，不管是党和政府在国家层面上，还是在学校"双高"建设中，对于科技创新教育以及知识产权的普及、保护、运用都是非常重视的。对于学校来说，对学生进行科技创新教育、培育创新精神，唤醒科技创新意识，培养学生的创新创造能力和科研动手能力，是学校的一项工作。对于学生来说，这也是扩展专业知识和技能的实践平台，可以得到科技创新项目的训练和科学素养的培养。现在学校成立了创新创业学院，建立多个大学生科技创新工作室，鼓励师生创新创业，也给予经费和场地设备支持，但是这方面的教育、指导和培训不够系统，特别是缺少理论基础支撑，学生们怀揣着发明创新的梦想，却找不到实现办法。根据学校建设"双高"目标，结合同学们的期望和需求，我们组织有关人员编写了这本《高职学生专利与计算机软件著作权申报》。

编写本书的目的：一是让学生对知识产权有初步了解，二是让学生学习如何撰写、申报、保护、运用专利，使学生在学习了解基本知识的同时又能熟练掌握发明实践技能。本书主要内容包括：知识产权综述、专利申请、专利的管理、专利的保护与运用、专利交底书撰写案例、软件著作权申请及附录（柳州市和柳州铁道职业技术学院有关专利资助和奖励政策）。

本书由黄莺、侯小俊、陆芳珍担任主编，负责本书编写计划、组织编写、统稿、定稿等工作，由柳州城市职业技术学院刘汉源、柳州市教学设备供应站卢达兴、谢莉丹，以及柳州铁道职业技术学院李景相、潘中玉、李祺等老师担任副主编，负责具体编写事务；由柳州铁道职业技术学院教务处副处长邵长春副教授负责本书的主审工作。

在编写本书过程中，柳州商聚企业管理咨询有限公司、柳州市教学设备供应站提供了专业技术支持，在此表示感谢。同时，本书的编写也参考了一些文献和资料，如涉及版权等问题，敬请联系编者，将按国家有关规定支付报酬。

本书是柳州铁道职业技术学院校本教材，主要在校内作为知识产权知识普及和指导高职学生申报发明专利使用；本书也是"广西高等学校高水平创新团队及卓越学者计划资助项目研究成果"之一。由于编者们知识和水平有限，在本书中难免有不完善和疏漏的地方，敬请读者批评指正，本书编者联系方式：houjun620@126.com

编　者

2021 年 6 月 30 日

目录
CONTENTS

第一章 知识产权综述 ……………………………………………… 001
第一节 知识产权概述 …………………………………………… 001
第二节 专利概述 ………………………………………………… 005
第三节 软件著作权概述 ………………………………………… 012

第二章 专利申请 …………………………………………………… 022
第一节 专利申请的原则 ………………………………………… 022
第二节 专利申请的要求 ………………………………………… 026
第三节 专利申请的程序 ………………………………………… 029
第四节 专利申请的方式 ………………………………………… 035

第三章 专利的管理 ………………………………………………… 038
第一节 国家知识产权战略 ……………………………………… 038
第二节 专利保护管理 …………………………………………… 047
第三节 知识产权经营管理 ……………………………………… 059

第四章 专利的保护与运用 ………………………………………… 069
第一节 专利权的保护 …………………………………………… 069
第二节 专利运用 ………………………………………………… 073

第五章　专利交底书撰写案例

第一节　发明专利交底书撰写案例 ·· 097
第二节　实用新型专利交底书撰写案例 ································ 113
第三节　外观专利申请文件撰写 ·· 125

第六章　软件著作权申请

第一节　软件著作权申请材料 ·· 129
第二节　软件著作权登记流程 ·· 139
第三节　软件著作权申请范例 ·· 141

附　录 ·· 168

参考文献 ·· 176

第一章

知识产权综述

大学是产生和运用智力劳动成果的重要场所。人们对所取得的智力成果一般选择两种处置方式:"保护"和"不保护"。选择"保护"会获得法定的一种或多种知识产权。选择"不保护"则表现为两种情况:一种是主动公开创新成果;另一种是顺其自然,大多数不保护的成果处于这种状态,这使得智力成果在商用时存在一定风险。影响知识产权保护与不保护选择的因素有法律能否提供切实的保护,以及保护成本与收益的比较。

第一节 知识产权概述

一、知识产权的概念

知识产权也称为"知识所属权",是指人们就其智力劳动成果所依法享有的专有权利,通常是国家赋予创造者对其智力成果在一定时期内享有的专有权或独占权。知识产权的对象是智力活动创造的成果,具有非物质化的特点。人们通常将以非物质财产为对象形成的知识产权称为无形财产权,它在性质上属于民事权利。智力成果作为无形财产与房屋、汽车等有形财产一样,都具有价值和使用价值,受国家法律的保护。据学者考证,"知识产权"一词最早于17世纪中叶由法国学者卡普佐夫提出,后为比利时的皮卡第所发展,皮卡第将知识产权定义为"一切来自知识活动的权利"。1967年《建立世界知识产权组织公约》签订以后,"知识产权"一词逐渐被国际社会普遍使用。

二、知识产权的特征

1. 专业性

专业性又称独占性或垄断性,指除权利人同意或法律规定外,权利人以外的任何人不得享有或使用该项权利。这表明权利人独占或垄断的专有权利受严格保护,不受他人侵犯。只有通过"强制许可""征用"等法律程序,才能变更权利人的专有权。

2. 地域性

地域性即只在所确认和保护的地域内有效。除签有国际公约或双边互惠协定外,经一国法律所保护的权利只在该国范围内发生法律效力。

3. 时间性

时间性即只在规定期限内保护。法律对各项权利的保护都规定有一定的有效期,各国法律对保护期限的长短规定可能不完全相同,只有参加国际协定或进行国际申请时,才对某项权利有统一的保护期限。

4. 属于绝对权

知识产权在某些方面类似于物权中的所有权。例如是对客体为直接支配的权利;可以使用、收益、处分以及为他种支配(但不发生占有问题);具有排他性;具有移转性(包括继承);等等。

5. 法律限制

虽然知识产权是私权,法律也承认其具有排他的独占性,但因人的智力成果具有高度的公共性,与社会文化和产业的发展有密切关系,不宜为任何人长期独占,所以法律对知识产权规定了很多限制:

（1）从权利的发生来说，法律为之规定了各种积极的和消极的条件以及公示的办法。例如专利权的发生须经申请、审查和批准，对授予专利权的发明、实用新型和外观设计规定有各种条件(《专利法》[①]第二十二条、第二十三条)，对某些事项不授予专利权(《专利法》第二十五条))。著作权虽没有申请、审查、注册这些限制，但也受《著作权法》[②]第三条、第五条的限制。

（2）在权利的存续期上，法律都有特别规定。这一点是知识产权与所有权大不相同之处。

（3）权利人负有一定的使用或实施的义务。对专利权法律规定有强制许可或强制实施许可制度。对著作权，法律规定有合理使用制度。

三、知识产权的分类

对于知识产权范围的界定，不同国家和地区、不同的学者都有各自的认识和理解。本书的知识产权的范围界定主要根据我国国内法和《建立世界知识产权组织公约》《与贸易有关的知识产权协定》这两个国际公约。

知识产权的范围有狭义和广义之分。狭义的知识产权一般指著作权（或称版权）、专利权和商标权，这也是与日常生活关系最为密切的几类知识产权。广义的知识产权除包括狭义的知识产权外，还包括科学发现权、厂商名称权、地理标志权、集成电路布图设计权、动植物新品种权、反不正当竞争权等。知识产权的范围不是一成不变的，知识产权是科学技术发展的产物，并且随着科学技术的发展而发生变化。科学与生产力的发展会催生新型的智力成果，新型的智力成果则会催生出相应的新的知识产权，知识产权的种类从根本上取决于科学技术和人类文明的进步。自知识产权的概念确立以来，其具体范围也不断

[①] 指《中华人民共和国专利法》，本书中简称《专利法》。
[②] 指《中华人民共和国著作权法》，本书中简称《著作权法》。

扩大，呈现出鲜明的动态性。

四、知识产权的保护对象

知识产权的保护对象是指在科技文化活动中创造或创作的、以发明创造或文艺作品等方式存在的产品，简称知识产品，大致分为三类：一是创造性成果，包括作品（著作权客体）及其传播媒介（邻接权客体）、工业技术。其中，作品是指文学艺术领域中以不同表现形式出现并且具有原创性的创造成果；传播媒介是指在作品传播过程中产生的与原创作品相关的各种产品或其他传播介质；工业技术是指在产业领域中物化在物质载体上的、依据科学理论和生产实践发展而成的工艺操作方法或技能及其生产工具和其他物质形态。二是经营标记，即在产业领域中标示产品来源和厂家特定人格的商标、商号、产品名称等区别性标记。三是经营性资信，即工商业主体在经营活动中具有的经营资格和优势及其所获得的特许专营资格、特许交易资格、信用及商标等。

知识产品的基本特征包括：① 创造性或独创性。创造性是知识产品对现有技术或已有作品的创新程度。一般来说，专利对创造性的要求最高；享有著作权的作品对独创性的要求次之，而商标对创造性的要求只要达到能够区别不同产品或服务的程度即可。② 非物质性。非物质性是指知识产品没有形态、不占空间，且可以被不同主体同时占有和使用的性质。知识产品的非物质性通过其载体表现。例如：作品表现为文字著述、音乐、绘画等，发明表现为技术方案、形状和构造等，商标表现为图案、色彩和符号等。③ 公开性。公开性是对知识产权所有人必须将知识产品公之于众的要求。专利申请人必须将其发明的技术方案公开，才有可能获得专利权；尽管作品完成之时即可获得著作权，但是如果作品不公开，其权利的意义便无从谈起；如果商标不公开，便无法与他人的商品或服务分开，就更谈不上商标权。

第二节 专利概述

一、专利的概念

专利权是指公民、法人或其他单位依法对发明创造在一定时间范围内所享有的独占使用权。与其他知识产权相比,专利权具有以下特征:

1. 专有性

在一般情况下,专利权属于专利人所有,未经权利人许可,其他人都不得利用。根据这一点,在一个国家内,一个同样的专利不能同时分属于几个不同的权利人。如果一项同样的发明,已经对一个申请人授予了专利权,就不能再对另一个申请人授予专利权,否则,后一个专利权应该被宣告无效。

2. 时间性

专利权的期限较短。发明专利的保护期限为20年,实用新型和外观设计的保护期限为10年,并且不能续展;期满之后原来受法律保护的客体即进入公用领域,任何人都可以自由无偿地使用。

3. 地域性

专利是经有关国家的政府主管部门按照其本国法律授予而获得的,这种权利一般只在授权国家的范围内有效。一个国家依靠其本国专利法授予的专利权,仅在该法律管辖的范围内有效,对其他国家没有约束力,外国对其专利不承担保护的义务。如果权利人希望在其他国家就某一主题享有某种需要授权的专利,一般应当依照其他国家的法律向该国提出申请。

二、专利保护的客体

专利权的客体，也称为专利保护的对象，是指能够取得专利权并受到专利法保护的智力劳动成果。

关于专利法所保护客体的范围，世界各国的法律规定不尽相同。大体上可以分为三种情况：

（1）仅以发明为专利法的保护对象，授予专利权，绝大多数国家如此。

（2）另有一些国家，不仅对发明，而且对实用新型和外观设计也授予专利权；但是，实用新型和外观设计不由专利法统一保护，而是由专门的立法予以规范和调整。

（3）少数国家由统一的专利法保护发明、实用新型和外观设计。

我国属于最后一种情况。在我国专利法中，将专利法保护的客体统称为发明创造，并明确规定，专利法所保护的发明创造，包括发明、实用型新和外观设计。

三、专利保护的主体

专利保护的主体为专利权人。专利权利人是专利权的所有人及持有人的统称，即专利申请被批准时，被授予专利权的专利申请人。专利权人既可以是单位也可以是个人。

专利权人包括三种类型：

1. 发明人、设计人所在单位

企事业单位、社会团体、国家机关的工作人员执行本单位的任务或者主要是利用本单位物质条件所完成的职务发明创造，申请专利的利权属于该单位。

2. 发明人、设计人

发明人或者设计人所完成的非职务发明创造,申请专利的权利属于发明人或者设计人。专利法所称发明人或者设计人,是指对发明创造的实质性特点作出突出贡献的人。在完成发明创造的过程中只负责组织工作的人,为物质条件的利用提供方便的人,或者其他从事辅助工作的人,不应当被认为是发明人或者设计人。

3. 共同发明人、共同设计人

由两个以上的单位或个人协作完成的发明创造,称为共同发明创造,完成此项发明创造的人称为共同发明人或共同设计人。除另有协议外,共同发明创造的专利申请权属于共同发明人,申请被批准后,专利权归共同发明人共有。

四、专利授权的条件

发明创造必须符合法律规定的条件,才能被授予专利权。根据《专利法》等相关法律制度,发明创造申请专利需要具备一系列条件。就条件的性质而言,可分为形式条件和实质条件;就条件的内容而言,可分为积极条件和消极条件。

(一)形式条件与实质条件

1. 形式条件

形式条件是指获得专利所必须具备的程序、形式上的要件,它主要表现为专利申请文件应当符合《专利法》及《专利法实施细则》[①]规定的格式,并依照法定程序履行各种必要的手续。如《专利法》第二十六条规定"申请发明或者实用新型专利的,应当提交请求书、说明

---

① 指《中华人民共和国专利法实施细则》,本书中简称《专利法实施细则》。

书及其摘要和权利要求书等文件。请求书应当写明发明或者实用新型的名称，发明人的姓名，申请人姓名或者名称、地址，以及其他事项。说明书应当对发明或者实用新型作出清楚、完整的说明，以所属技术领域的技术人员能够实现为准；必要的时候，应当有附图。摘要应当简要说明发明或者实用新型的技术要点。权利要求书应当以说明书为依据，清楚、简要地限定要求专利保护的范围。依赖遗传资源完成的发明创造，申请人应当在专利申请文件中说明该遗传资源的直接来源和原始来源；申请人无法说明原始来源的，应当陈述理由。"

2. 实质条件

《专利法》第二十二条规定：授予专利权的发明和实用新型，应当具备新颖性、创造性和实用性。

新颖性，是指该发明或者实用新型不属于现有技术；也没有任何单位或者个人就同样的发明或者实用新型在申请日以前向国务院专利行政部门提出过申请，并记载在申请日以后公布的专利申请文件或者公告的专利文件中。

创造性，是指与现有技术相比，该发明具有突出的实质性特点和显著的进步，该实用新型具有实质性特点和进步。

实用性，是指该发明或者实用新型能够制造或者使用，并且能够产生积极效果。

本法所称现有技术，是指申请日以前在国内外为公众所知的技术。

所以，具备新颖性、创造性和实用性是授予发明和实用新型专利权的实质性条件。

同时，《专利法》第二十三条规定：授予专利权的外观设计，应当同申请日以前在国内外出版物上公开发表过或者国内公开使用过的外观设计不相同和不相近似，并不得与他人在先取得的合法权利相冲突。这是授予外观设计专利权的实质性条件。

（二）积极条件与消极条件

1. 积极条件

积极条件又称肯定条件，是指申请专利的发明创造应当具备的，由《专利法》等所规定的，作为专利技术的发明创造所应当满足的，关于其本身特征、构成及类型等内在要素的条件。例如，《专利法》第二十二条规定："授予专利权的发明和实用新型，应当具备新颖性、创造性和实用性。"第二十三条第二款规定："授予专利权的外观设计或者现有设计特征的组合相比，应当具有明显区别。"

2. 消极条件

消极条件又称否定条件，是指以不存在某种事实为条件的内容，即申请专利的发明创造本身不能存在的某些情形或事实。消极条件是从反面去规定哪些发明创造不具备专利性，从而不能被授予专利。根据《专利法》第五条、第二十五条的规定，申请专利的发明创造存在如下情形之一的，不授予专利权：

（1）违反法律、社会公德或者妨害公共利益。

首先，发明创造的目的、效果、作用等若违反法律，则不得被授予专利权。因为如果发明创造本身违反法律，而国家又对其授予了专利权，那么专利权人依法实施该专利的行为必然导致违反法律的结果。比如，伪造货币的方法，吸食鸦片的工具，侵犯他人在先权、著作权、商标权、肖像权、知名商品特有包装装潢权的外观设计。

其次，直接与公共秩序、善良风俗相抵触的发明创造也不能被授予专利权。例如，专门用来翻动汽车车牌以逃避交通违规监管的自动"翻牌器"，尽管可能包含了一定的技术创新，但该发明及其实施显然是为了规避法律的制裁，因此直接与公共秩序相悖，不能被授予专利权。关于"善良风俗"，各国法律在内涵界上尽管大同小异，但在外延列举上却差异明显。例如，在某些国家，赌具是可以被授予专利权的，如法国等，但在有的国家则不允许，如日本等。

再次，有的发明创造本身虽然不违反法律，也无害于公共秩序，但从该发明的技术构成可知，如果公之于众，则世人皆可非常容易地认识到该发明创造存在某种非正常的使用领域，且这种非正常使用可能对社会造成较大危害，则实务中也不能被授予专利权。如一种可以打开任何门锁的"万能钥匙"。

最后，有些发明创造就目的、构成及特性而言无任何不妥，其正常使用也不违法、无碍社会公德，但可能被少数人非正常使用从而成为违法犯罪的工具或手段，如扑克牌。对于此类发明创造，在审查时应当权衡利弊得失。危害性不是特别大的，可以授予专利权；反之，则不应当授予专利权。

（2）科学发现。

发现不同于发明。发现仅仅是揭露自然界本来存在、但人们尚未认识的东西，例如天然物质、自然现象及其变化过程、特性和规律等。单纯的发现不能取得专利，但如果将发现付诸应用，制造出一种产品，开发出一种方法，或者提供一种用途，则构成一项发明，可以被授予专利权。

（3）智力活动的规则和方法。

智力活动的规则和方法是指导人们思维、推理、分析和判断的规则和方法，它们具有抽象思维的特点，所以不能被授予专利权。另外，智力活动的规则方法涉及在人的头脑中进行的活动，试图将这样的活动纳入专利独占权的范围既不合理，也不现实。如数学的算法、数学定理是不能被授予专利权的。

（4）疾病的诊断和治疗方法。

疾病的诊断方法是指为发现、识别、研究和确定疾病的状况、原因而采取的各种措施，例如诊脉法、X光诊断法、超声诊断法等。疾病的治疗方法是指为消除病态、恢复健康而采取的各种措施，例如电疗、磁疗、针灸、催眠等，以及进行外科手术、打针、服药等。外科手术不能被授予专利权，并不限于为治疗疾病目的而进行的手术，为美容而进行手术的方法也不能被授予专利权。

疾病的诊断和治疗的方法不能被授予专利权，是就以活的人体或者动物体为实施对象而言，在已经死亡的人体或者动物体上进行的测试、保存或者处理方法，例如防腐、制作标本等方法，可以被授予专利权。对已经脱离了活的人体、动物体的组织或者流体进行处理或者检测的方法，例如血液的处理或者分析方法，可以被授予专利权。

（5）动物和植物的品种。

在我国现行《专利法》中，动物和植物新品种本身不能被授予专利。但是，我国是农业大国，在植物品种，特别是农、林作物品种的开发和研究方面具有一定的优势，取得了许多成就。因此，对植物新品种提供法律保护有利于鼓励这方面的发明创造，有利于保护我国的利益。为此，我国采取了对植物新品种的保护单独立法的做法。国务院于1997年颁发了《中华人民共和国植物新品种保护条例》（于2013、2014年进行了两次修订），对符合条例规定的植物新品种授予植物新品种权。

但是，根据《专利法》第二十五条第二款规定，生产动、植物品种的方法可以获得专利保护。这里所说的动、植物品种的生产方法是指非生物学的方法，不包括主要是生物学的方法在内。如果人的技术的介入对该方法所要达到的目的或者效果起了控制的作用或者决定的作用，那么这种方法不属于"主要是生物学的方法"，可以获得专利保护。例如，利用修剪树枝的方法改善树的特性或者产量，或者促进或者阻遏树的生长，采用辐照饲料法养殖高产牛奶的乳牛等。

（6）用原子核变换方法获得物质。

用原子核变换方法所获得的物质，主要是指用加速器、反应堆，以及其他核反应装置制造的各种放射性同位素。这些同位素不能被授予专利权，但是它们的用途，以及使用的仪器、设备可以被授予专利权。此外，原子核变换方法本身也不能获得专利保护。

（7）对平面印刷品的图案、色彩或者二者的结合作出的主要起标识作用的设计。

这是《专利法》第三次修正时新增的一种消极情形，主要是因为我国每年受理的外观设计申请量已经位居世界第一，但其中有相当数量涉及的是瓶贴、平面包装袋等主要起标识作用的平面图案设计。这既不利于提高我国对产品本身外观的创新能力，促进我国品牌产品的形成，提高我国产品的国际竞争力，也会增大外观设计专利权与商标专用权、著作权之间的交叉和冲突。

"平面印刷品"主要指平面包装袋、瓶贴、标识等用于装入被销售的商品或者用于附着于其他产品之上、不单独向消费者出售的二维印刷品；"主要起标识作用"是指二维印刷品的图案、色彩或者二者的结合主要是用于让消费者识别被装入的商品或者被附着产品的来源或者生产者，而不是用于使被装入的商品外观或者被附着的产品外观本身"富有美感"而吸引消费者。

需要指出的是，尽管床单、窗帘、布匹等纺织品也是二维产品，但不属于"平面印刷品"；纺织品的花色或者图案通常也不是"主要起标识作用"，因此对这些纺织品的外观设计不在被排除的范围之内。

第三节　软件著作权概述

一、软件著作权的概念

软件著作权又称计算机软件著作权，是指软件的开发者或者其他权利人依法对于软件作品所享有的各项专有权利，它是属于具备民事权利的共同特征的民事权利。计算机软件是指计算机程序及有关文档。软件著作权采用自动保护原则，无须经过个别确认，只要经过登记，软件著作人就享受各项专有权利。

二、软件著作权保护的意义

1. 作为法律重点保护的依据

《国务院关于印发鼓励软件产业和集成电路产业发展若干政策的通知》第三十二条规定:"国务院著作权行政管理部门要规范和加强软件著作权登记制度,鼓励软件著作权登记,并依据国家法律对已经登记的软件予以重点保护。"比如:在软件版权受到侵权时,软件著作权登记证书可不必经过司法机关审查,直接作为有力证据使用,也可作为国家著作权管理机关惩处侵犯软件版权行为的执法依据。

2. 作为技术出资

《公司法》[①]第二十七条规定:"股东可以用货币出资,也可以用实物、知识产权、土地使用权等可以用货币估价并可以依法转让的非货币财产作价出资;但是,法律、行政法规规定不得作为出资的财产除外。对作为出资的非货币财产应当评估作价,核实财产,不得高估或者低估作价。法律、行政法规对评估作价有规定的,从其规定。"据此,非货币财产出资应当同时具备"可以用货币估价"及"可以依法转让"两个条件。

计算机软件著作权之使用权属于非货币财产,根据《计算机软件保护条例》第八条的规定,计算机软件著作权人享有的计算机软件著作权,包括出租权,即有偿许可他人临时使用软件的权利。所以,计算机软件著作权人可以将其拥有的计算机软件通过授权许可使用的方式实现计算机软件著作权之使用权的转让。同时,根据《著作权资产评估指导意见》第十二条的规定,著作权资产评估对象既可以是著作权的所有权也可以是其使用权,所以,依法转让的计算机软件著作权之使用权的价值可以进行评估作价。

---

① 指《中华人民共和国公司法》,本书中简称《公司法》。

此外，根据《中华人民共和国公司登记管理条例》第十四条规定"股东的出资方式应当符合《公司法》第二十七条的规定，但股东不得以劳务、信用、自然人姓名、商誉、特许经营权或者设定担保的财产等作价出资"，计算机软件著作权之使用权不属于不得用于出资的非货币财产。

综上所述，计算机软件著作权之使用权满足《公司法》规定的非货币财产出资的要求，计算机软件著作权人可以将其合法拥有的计算机软件著作权之使用权评估作价后用于公司出资。

3. 作为申请科技成果的依据

科学技术部《关于印发〈科技成果登记办法〉的通知》第八条第一项规定："办理科技成果登记应当提交《科技成果登记表》及下列材料：应用技术成果：相关的评价证明（鉴定证书或者鉴定报告、科技计划项目验收报告、行业准入证明、新产品证书等）和研制报告；或者知识产权证明（专利证书、植物品种权证书、软件登记证书等）和用户证明。"这里的软件登记证书指的是软件著作权的登记证书和软件产品登记证书，其他部委也有类似规定。

4. 企业破产后的有形收益

在法律上著作权被视为"无形资产"，企业的无形资产不随企业的破产而消失，在企业破产后，无形资产（著作权）的生命力和价值仍然存在，该无形资产（著作权）可以在转让和拍卖中获得有形资金。

三、软件著作权保护的基本条件

《计算机软件保护条例》规定，受该条例保护的软件必须由开发者独立开发，并已固定在某种有形物体上。受著作权保护的软件需具备以下基本条件：

1. 原创性

必须由软件开发者独立开发完成,且软件作品表达逻辑思维的表现方式必须是原创或独创的,凡是抄袭、复制他人的软件,不在保护范围内。

2. 感知性

应固定在有形物体上并能够以特定形式表现出来让人们知悉,比如可以通过磁盘、磁带、光盘、纸带等进行复制,并能进行交易。开发者头脑里的程序设计,由于没有开发出来而在有形物体上呈现,因此不受软件著作权法的保护。

3. 逻辑性

开发者开发的计算机软件必须要有合理的逻辑,能够按照预先安排不断对信息随机进行的逻辑判断正确地计算出结果。

四、软件著作权的主体和客体

(一)软件著作权的主体

软件著作权的主体是指依法对软件享有软件著作权的用户。软件著作权保护的主体主要包括以下几种:

1. 自然人

自然人获取软件著作权的主要通过以下几种方式:独立开发、合作开发、转让或者继承。

2. 法人

法人是依法独立享有民事权利和承担民事义务的组织,前提是组织应该具备民事权利能力和行为能力。法人主要分为企业法人、机关事业单位法人和社会团体法人,可以通过组织开发、委托开发、转让和继承方式获取软件著作权。

3. 其他组织

其他组织是指除了上述自然人和法人外能够取得软件著作权的民事主体，其取得软件著作权的方式与法人方式相似。

4. 国家

国家可以通过遗赠、接受赠与或法依法收归国有的方式取得软件著作权。

5. 外国人和无国籍人

外国人和无国籍人可以依照国际条约通过首次在中国境内发行、签订协议等方式而取得软件著作权。

（二）软件著作权的客体

著作权的客体是指著作权保护的对象，可以是文学、艺术、和科学领域内具有独创性并能以某种有形形式复制的智力成果，比如文字作品，口述作品，音乐、戏剧、曲艺、舞蹈、杂技艺术作品，美术、建筑作品，摄影作品，电影作品和以类似摄制电影的方法创作的作品；工程设计图、产品设计图、地图、示意图等图形作品和模型作品，计算机软件，法律、行政法规规定的其他作品。

软件著作权的客体主要是指计算机软件，主要包括计算机程序和计算机文档。

计算机程序是指为了得到某种结果而可以由计算机等具有信息处理能力的装置执行的代码化指令序列，或者可以被自动转换成代码化指令序列的符号化序列或者符号化语句序列。同一计算机程序的源程序和目标程序为同一作品。

计算机文档是指用来描述程序的内容、组成、设计、功能规格、开发情况、测试结果及使用方法的文字资料和图表等，如程序说明、流程图、用户手册等。

五、软件著作权人享有的权利

著作权人对软件著作权享有的专利可以分人身权和财产权。

（一）人身权

人身权是指计算机软件著作权人基于自己的软件作品而享有的并与该作品有关的以人格利益为内容的专有权利，这种权利与人身不可分离、不能放弃或转让。主要包含以下三种：

1. 发表权

发表权是著作权人享有的决定是否将其作品发表以及如何发表的权利，这里面包含了著作权人有权决定是否发表和以哪种方式发表。发表的方式有出版、发行、销售、登记等形式。著作权人将其未发表的软件允许他人使用，或者转让所有权利给他人等，可认为著作权人同意将其软件发表。《软件条例》的规定，开发者开发的计算机软件不论是否发表，都享有著作权，并且不限制在何地发表。

2. 署名权

署名权是指表明开发者身份，在软件原件或复印件上署名的权利，主要是为了保护软件著作权人的合法权益。署名权不受时间的限制，也不因权利人的死亡或者消失而消灭。署名权主要包括有权在自己开发的软件上署名、决定署名的方式（真实姓名、笔名、别名或自愿不署名）和禁止他人在自己的软件作品上署名。

3. 修改权

修改权是指开发者对软件进行增补、删节，或者改变指令、语句顺序的权利；或授权他人修改其软件的权利。软件修改权属开发者所有，未经许可，任何人不得行使此权利，就算软件中存在错误，也不得擅自修改。

（二）财产权

财产权是软件开发者对其软件作品进行支配、利用和处分的权利，软件著作权所有人所享有的财产权可以分为使用权和获得报酬权。

1. 复制权

复制权是指将软件制作一份或者多份的权利，是软件著作权人决定实施或不实施复制行为或禁止他人复制其软件的权利。复制是软件传播利用的途径，是软件使用和销售的重要环节，未经软件著作权人许可，任何人不得复制其软件。

2. 发行权

发行权是指以出售或者赠与方式向公众提供软件的原件或者复制件的权利。发行权可以由软件著作权人自己行使，也可委托他人行使，只要提供的方式合法，都属于发行行为。

3. 出租权

出租权是指有偿许可他人临时使用软件的权利，但是软件不是出租的主要标的的除外；未经软件著作权人许可，任何人不得使用软件出租权。通过软件出租可以产生一定收益。

4. 信息网络传播

信息网络传播是指以有线或者无线方式向公众提供软件，使公众可以在其个人选定的时间和地点获得软件的权利。

5. 翻译权

翻译权是指将原软件从一种自然语言文字转换成另一种自然语言文字的权利。翻译不会改变软件的功能、结构等，也不涉及软件编程语言的转换。翻译人对翻译后软件的享有与原软件同等的著作权。

6. 其他权利

应当由软件著作权人享有的其他权利。

六、软件著作权的保护期限和应用

（一）软件著作权的保护期限

著作权保护期限指的是软件著作人依法取得的软件著作的有效期限。在保护期限内，受到法律保护；超过保护期限后，不受法律保护，软件著作人不再享受专用权利。著作权保护期针对的对象有自然人、法人或其他组织两种。《计算机软件保护条例》规定如下：

自然人的软件著作权，保护期为自然人终生及其死亡后50年，截止于自然人死亡后第50年的12月31日；软件是合作开发的，截止于最后死亡的自然人死亡后第50年的12月31日。

法人或者其他组织的软件著作权，保护期为50年，截止于软件首次发表后第50年的12月31日，但软件自开发完成之日起50年内未发表的，不再保护。

（二）软件著作权的应用

1. 许可使用

软件著作权的许可使用是指软件著作权人将软件以一定的方式允许他人在一定的范围和期限内正常使用的行为。由于软件著作权包括很多项权利，在许可使用时，可以是全部的权利，也可以是其中一项目或多项权利，并可向软件使用人收取一定权利使用费。

软件著作权的许可使用不会改变软件著作权原有权利归属，在合同约定范围内，在一定的范围和期限内行使软件著作权，一般不能以被许可人的名义向侵权人提起诉讼。

软件著作权的许可使用的方式主要有独占许可使用、独家许可使用和普通许可使用。

软件著作权的许可使用需要签订许可使用合同,合同的主要内容有:

(1)许可使用的权利。明确约定被许可人可以行使哪些权利。

(2)许可使用方式。明确是独占许可使用、独家许可使用还是普通许可使用。

(3)许可使用的范围和期限。明确被许可人使用著作权的地域和时间上效力。

(4)费用标准和办法。明确费用支付的具体方式以及金额要求。

(5)违约责任。

(6)其他双方认可需要约定的内容。

2. 转让

软件著作权转让,是指软件权利人将软件著作权中的一项权利或多项权利或全部权利在法定有效期内转移给他人使用的行为。

软件著作权转让会导致软件著作权的主体发生变更,转让的仅仅限制于软件著作权财产权,与软件载体所有权无关,标的可以做多种选择,必须要签订书面合同。

软件著作权转让时,必须要清楚地说明软件名称、版本号、权利,软件著作权转让后,转让方不再享有转让的权利。

3. 软件著作权的其他利用

除了上述两种应用方式外,软件著作权还可以用来质押、赠与、赔偿和继承等。

4. 软件著作权的使用限制

《计算机软件保护条例》中规定了软件著作权的限制,主要有以下三种情况:

(1)合理使用。合理使用指的是在特定条件下,依法允许他人不需经过软件著作人同意,也不需要支付报酬,而使用软件著作权的行为。比如通过安装、显示、传输或者存储软件等方式使用软件，用于学习和研究等情况，但是在使用过程中需要注明软件名称和开发者，并且不能侵犯软件著作权人的各种权利。

（2）软件复制品合法持有人的权利。软件复制品合法持有人是指通过向著作权所有人或者已许可的他人购买等合法途径获得软件复制品的人。《计算机软件保护条例》规定了软件复制品合法持有人，在不经该软件著作权人同意的情况下，可以根据使用的需要把该软件安装到计算机内，制作备份复制品，依法对软件著作权获得复制的权利，比如将其安装到另外一台电脑上，或者根据需要对软件功能、性能而进行必要的修改等，但不得向第三者提供使用。

（3）相似或相同软件开发。《计算机软件保护条例》对相似或相同软件保护也是一种对软件著作权的限制。在可供选用的表达方式有限的情况下，开发与已有软件相同或相似的软件时，不构成侵权；或因执行国家法律规定或国家技术标准，开发与已有软件相同或相似的软件时，也不构成侵权。

第二章

专利申请

专利申请是获得专利权的必须程序。专利权的获得，要由申请人向国家专利机关提出申请，经国家专利机关批准并颁发证书。申请人在向国家专利机关提出专利申请时，还应提交一系列的申请文件，如请求书、说明书、摘要和权利要求书等。在专利的申请方面，世界各国专利法的规定大体一致，但也存在许多细微差异。

专利申请是发明人、设计人或者其他有申请权的主体向专利局提出就某一发明或设计取得专利权的请求。依中国专利法规定，专利申请应向专利局提交申请书、说明书、权利要求书、摘要、附图、优先权请求。其中附图、优先权请求这两个文件，并非每个申请具备，但它们有利于专利申请。专利申请案中，申请书应采用书面形式，主要载明如下内容：授予专利的请求、发明或设计名称、申请人姓名及身份，代理人姓名及身份、签名。

第一节 专利申请的原则

一、书面原则

我国《专利法实施细则》第三条规定："专利法和本细则规定的各种手续，应当以书面形式或国务院专利行政部门规定的其他形式办理。"可见,书面原则是指申请专利文件和办理专利申请的各种法定手续,都必须依法以书面形式办理,并按规定格式和要求撰写和填写。

二、先申请原则

当两个或两个以上的单位或者个人就同一发明创造分别提出专利申请时,只能对其中一个单位或个人授予专利权,专利权应属于谁?

各国专利法对此有两种不同原则:一种是先发明原则,一种是先申请原则。先发明原则是几个人就同一发明创造向专利行政部门申请专利时,专利行政部门将专利权授予最先发明创造人。我国采用先申请原则,即专利授予最先申请的人。

我国《专利法》第九条第一款规定:"同样的发明创造只能授予一项专利权。但是,同一申请人同日对同样的发明创造既申请实用新型专利又申请发明专利,先获得的实用新型专利权尚未终止,且申请人声明放弃该实用新型专利权的,可以授予发明专利权。"第二款规定:"两个以上的申请人分别就同样的发明创造申请专利的,专利权授予最先申请的人。"

(1)先申请的判断标准是专利"申请日"。

(2)国务院专利行政部门收到专利申请文件之日为申请日;如果申请文件是邮寄的,以寄出的邮戳日为申请日。邮戳日不清晰的,除当事人能够提出证明外,以国务院专利行政部门收到日为申请日。

(3)申请人有优先权的,申请日指优先权日。申请人首次提出专利申请的日期,视为后来一定期限内就相同主题在他国或者本国提出专利申请的日期,享有优先权的首次申请日称为优先权日。

(4)如果两个申请人在同一日就相同的发明创造申请专利的,由当事人自行协商确定申请人。

由于我国实行的是先申请原则,因此申请日的确定至关重要。对专利申请人来说,从申请日的次日起,专利申请案中的发明创造就会成为现有技术的一部分，如果他人再有相同的发明创造申请专利，都丧失新颖性；从申请日的次日开始，申请人就可以实施专利申请案中的发明创造，或者发表，对新颖性都没有影响；若经过审查，申请人获得专利权的，专利权的保护期限是从申请日开始起算的。

三、优先权原则

根据《巴黎公约》的规定，在申请专利或者商标等工业产权时，各缔约国要相互承认对方国家国民的优先权。我国《专利法》第二十九条第一款规定："申请人自发明或者实用新型在外国第一次提出专利申请之日起十二个月内，或者自外观设计在外国第一次提出专利申请之日起六个月内，又在中国就相同主题提出专利申请的，依照该外国同中国签订的协议或者共同参加的国际条约，或者依照相互承认优先权的原则，可以享有优先权。"第二款规定："申请人自发明或者实用新型在中国第一次提出专利申请之日起十二个月内，又向国务院专利行政部门就相同主题提出专利申请的，可以享有优先权。"

同时《专利法》第三十条规定："申请人要求优先权的，应当在申请的时候提出书面声明，并且在三个月内提交第一次提出的专利申请文件的副本；未提出书面声明或者逾期未提交专利申请文件副本的，视为未要求优先权。"

综上，优先权原则主要包括以下内容。

1. 外国优先权

申请人自发明或者实用新型在外国第一次提出专利申请之日起十二个月内，或者自外观设计在外国第一次提出专利申请之日起六个月内，又在中国就相同主题提出专利申请的，依照该外国同中国签订的协议或者共同参加的国际条约，或者依照相互承认优先权的原则，可以享有优先权。

2. 本国优先权

申请人自发明或者实用新型在中国第一次提出专利申请之日起十二月内,又向国务院专利行政部门就相同主题提出专利申请的,可以享有优先权。

本国优先权需注意以下两点:(1)本国优先权仅限于"发明或者实用新型",外观设计谈不上本国优先权。(2)申请人要求优先权的,应当在申请的时候提出书面声明,并且在 3 个月内提交第一次提出的专利申请文件的副本;未提出书面声明或者逾期未提交专利申请文件副本的,视为未要求优先权。

四、单一性原则

我国《专利法》第三十一条规定:"一件发明或者实用新型专利申请应当限于一项发明或者实用新型",这就是指一项发明或者实用新型只能作一件专利申请,两项以上的发明或者实用新型不能放在一件申请中去办理申请手续,而应分别办理申请手续。对于外观设计专利申请,则允许"同一产品两项以上的相似外观设计,或者用于同一类别并且成套出售或者使用的产品的两项以上外观设计,可以作为一件申请提出"。具体来说:

(1)一件发明或者实用新型专利申请应当限于一项发明或者实用新型。但是,属于一个总的发明构思的两项以上的"发明或者实用新型","可以"(而非必须)作为一件申请提出。

(2)一件外观设计专利申请应当限于一项外观设计。但是,同一产品两项以上的相似外观设计,或者用于同一类别并且成套出售或者使用的产品的两项以上外观设计,"可以"(而非必须)作为一件申请提出。

第二节 专利申请的要求

一、专利申请应当具备的条件

《专利法》规定，授予专利权的发明和实用新型，应当具备新颖性、创造性和实用性。

1. 新颖性

新颖性标准，对发明和实用新型与外观设计的要求而有所不同。

对于发明或实用新型，新颖性是指在申请日以前没有同样的发明或者实用新型在国内外出版物上公开发表过、在国内公开使用过或者以其他方式为公众所知，也没有同样的发明或者实用新型由他人向国家知识产权局提出过申请并且记载在申请日以后公布的专利申请文件中。而对外观设计，新颖性是指同申请日以前在国内外出版物上公开发表过或者国内公开使用过的外观设计不相同和不相近似，并不得与他人在先取得的合法权利相冲突。

2. 创造性

所谓创造性，是指同申请日以前已有的技术相比，该发明有突出的实质性特点和显著的进步，该实用新型有实质性特点和进步。

对发明而言，所谓突出的实质性特点，是指发明相对于现有技术，对所属技术领域的技术人员来说，是非显而易见的。如果发明是其所属技术领域的技术人员在现有技术的基础上通过逻辑分析、推理或者有限的试验可以得到的，则该发明是显而易见的，也就不具备突出的实质性特点。所谓显著的进步，是指发明与最接近的现有技术相比能够产生有益的技术效果。比如，发明克服了现有技术中存在的缺点和不足，或者为解决某一技术问题提供了一种不同构思的技术方案，或者代表某种新的技术发展趋势。

判断发明或使用实用新型的创造性,应当基于所属技术领域的技术人员的知识和能力。所属技术领域的技术人员,也可称为本领域的技术人员,是指一种假设的"人",假定他知晓申请日或者优先权日之前发明所属技术领域所有的普通技术知识,能够获知该领域中所有的现有技术,并且具有应用该日期之前常规实验的手段和能力,但他不具有创造能力。如果所要解决的技术问题能够促使本领域的技术人员在其他技术领域寻找技术手段,他也应具有从该其他技术领域中获知该申请日或优先权日之前的相关现有技术、普通技术知识和常规实验手段的能力。设定这一概念的目的,在于统一审查标准,尽量避免审查员主观因素的影响。

3. 实用性

实用性是指发明或者实用新型申请的主题必须能够在产业上制造或者使用,并且能够产生积极效果。

授予专利权的发明或者实用新型,必须是能够解决技术问题,并且能够应用的发明或者实用新型。换句话说,如果申请的是一种产品(包括发明和实用新型),那么该产品必须在产业中能够制造,并且能够解决技术问题;如果申请的是一种方法(仅限发明),那么这种方法必须在产业中能够使用,并且能够解决技术问题。只有满足上述条件的产品或者方法才可能被授予专利权。

产业包括工业、农业、林业、水产业、畜牧业、交通运输业以及文化体育、生活用品和医疗器械等行业。在产业上能够制造或者使用的技术方案,是指符合自然法则、具有技术特征的任何可实施的技术方案。这些方案并不一定意味着使用机器设备,或者制造一种物品,而且还可以包括如驱雾的方法,或者将能量由一种形式转换成另一种形式的方法。

能够产生积极效果,是指发明或者实用新型专利申请在提出申请之日，其产生的经济、技术和社会的效果是所属技术领域的技术人员可以预料到的。这些效果应当是积极的和有益的。

二、外观设计专利申请的条件

《专利法》规定，授予专利权的外观设计，应当不属于现有设计；也没有任何单位或者个人就同样的外观设计在申请日以前向国务院专利行政部门提出过申请，并记载在申请日以后公告的专利文件中。故外观设计专利申请的条件主要包括：

（1）授予专利权的外观设计与现有设计或者现有设计特征的组合相比，应当具有明显区别。

（2）授予专利权的外观设计不得与他人在申请日以前已经取得的合法权利相冲突。

提醒：现有设计，是指申请日以前在国内外为公众所知的设计。

此外，大家还需要了解的是，申请专利除了要满足以上的条件之外，还需要另外注意，有些发明创造是不授予专利权的。

三、不授予专利权的种类

（1）科学发现；

（2）智力活动的规则和方法；

（3）疾病的诊断和治疗方法；

（4）动物和植物品种；

（5）用原子核变换方法获得的物质；

（6）对平面印刷品的图案、色彩或者二者的结合作出的主要起标识作用的设计。

注意：对动物和植物品种的生产方法，可以依照《专利法》规定授予专利权。

第三节　专利申请的程序

一、准备工作

1. 确认需要申请的专利类型

确认需申请的专利属于何种类型，是发明专利、实用新型专利还是外观设计专利。

2. 检索同类型专利

可自主检索，也可委托代理机构更全面地检索。

3. 准备申请文件

（1）申请发明专利的，申请文件应当包括发明专利请求书、摘要、摘要附图（适用时）、说明书、权利要求书、说明书附图（适用时），各一式两份。

（2）申请实用新型专利的，申请文件应当包括实用新型专利请求书、摘要、摘要附图（适用时）、说明书、权利要求书、说明书附图，各一式两份。

（3）申请外观设计专利的，申请文件应当包括外观设计专利请求书、图片或者照片（要求保护色彩的，应当提交彩色图片或者照片）以及对该外观设计的简要说明，各一式两份。提交图片的，两份均应为图片，提交照片的，两份均应为照片，不得将图片或照片混用。

一项能够取得专利权的发明创造需要具备多方面的条件。首先，要符合"三性"：新颖性、创造性和实用性。其次，要符合专利法规定的形式要求以及履行各种手续。要详细了解什么是专利，谁有权申请并取得专利权，怎样申请专利才能尽快获得专利权。同时，还应该了解专利权人的权利和义务，取得专利后如何维持和实施专利等内容。

申请专利前先不要发表文章，有些发明人取得研究成果后，先发表了文章或成果鉴定，这对专利申请不利。因为发表文章或成果鉴定不可避免地要公开技术内容，而专利审查过程中在进行创新性评价时，是以申请日之前的所有公开内容作为现有技术的，所以也包括已经公开发表的文章，先发表的文章影响了专利的新颖性，导致专利不能被授予。

二、专利查新

专利查新是按照《专利法》《专利法实施细则》以及国家知识产权局发布的有关法律法规的要求，以委托人提供的专利查新委托单为依据，依托拥有的文献资源，由长期从事专利检索的经验丰富的高素质检索人员，通过计算机检索和手工检索等多种途径，检索与专利技术相关的文献，运用综合分析和对比的方法，重点考察发明技术的新颖性、创造性，评价科研成果、发明创造的"可专利性"，并提供文献查证结果的一种情报咨询服务工作。

申请人需要进行全面的专利查新检索，其范围不仅包括中国专利，还包括中国的科研论文、国外专利文献和公开出版物等。如果没有检索到与发明内容相同或者相近的现有技术，则可以考虑尽快申请专利。

部分发明人没有查新检索的习惯，加上信息检索和收集方面的欠缺，导致对创新技术方案的新颖性如何不确定，不知道有没有公开过或公开使用过。在评价专利新颖性时，就公开而言，全世界范围内的任何文献都可影响技术方案的新颖性。在美国，就曾经发生过一个孩子的涂鸦否定了一件发明专利新颖性的案例。可见，检索工作在专利申请中是非常重要的一环，如果他人已经就某一技术方案申请过专利或者在相关文献中公开，你没有做检索也就这一技术方案申请专利，那就是白白浪费时间、金钱和精力了。

三、专利申请文件撰写

首先要了解申请文件撰写要求和书写格式。《专利法》规定，申请文件一旦提交，其修改不得超出原说明书和权利要求书记载的范围。

所以申请文件特别是说明书若写得不好，便成为无法补救的缺陷，甚至导致很好的发明内容得不到专利。权利要求书写得不好，常常会限制专利权的保护范围。不了解费用情况、缴费的期限以及不了解申请手续或审批程序，往往导致专利申请被视为撤回等法律后果。

1. 说明书摘要

说明书摘要须对整个发明做系统描述，介绍发明的特点和创新点。必要时请附上图片，以便说明和理解。

2. 权利要求书

权利要求书直接决定着专利的质量。专利保护的范围很多时候也决定专利是否能够通过。权利要求书按撰写方式划分，分为独立权利要求和从属权利要求。权利要求书可以找专门的代理人帮忙撰写。

3. 说明书

说明书撰写的主要内容包括：技术领域、背景技术、发明内容、附图说明、具体实施方式、附图等。

技术领域，指发明或实用新型直接所属或直接应用的技术领域。

背景技术，类似于技术领域，但应对申请日前的现有技术进行描述和评价，除开拓性发明外，至少要引证一篇与本申请最接近的现有技术，必要时可再引用几篇较接近的对比文件，它们可以是专利文件，也可以是非专利文件。类似于论文中的简介。

发明内容，包括解决的技术问题、技术方案及有益效果，是整个专利申请文件的核心，应尽量写好。

附图说明，即对附图所做详细说明。

具体实施方式，详细写出发明或者实用新型如何能够实现。至少具体描述一种具体实施方式，描述的具体化程度应当达到使所属技术领域的技术人员按照所描述的内容能够重现发明或者实用新型，而不必再付出创造性劳动。

附图，即附上你的专利中用到的图并标注它们。

四、专利申请

依据《专利法》，发明专利申请的审批程序包括受理、初审、公布、实审以及授权五个阶段。实用新型或者外观设计专利申请在审批中不进行早期公布和实质审查，只有受理、初审和授权三个阶段。

专利申请的流程图如图 2.1 所示。

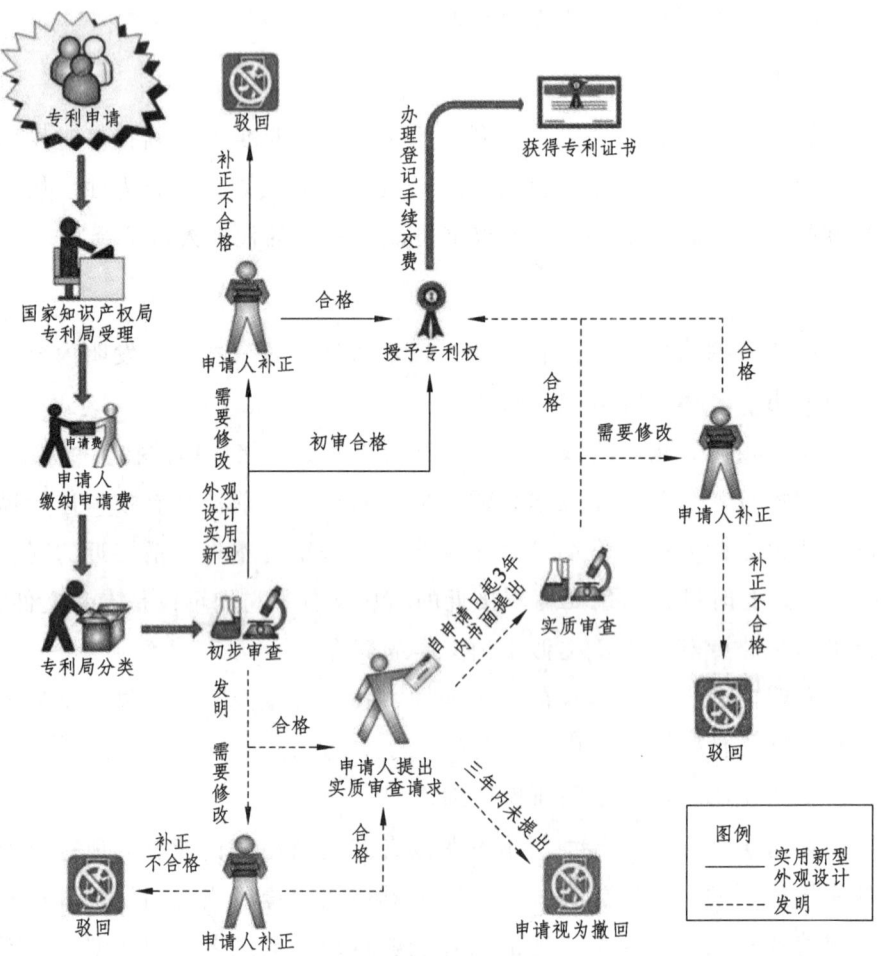

图 2.1

1. 受理阶段

专利局收到专利申请后进行审查，如果符合受理条件，专利局将确定申请日，给予申请号，并在核实过文件清单后发出受理通知书，通知申请人。如果申请文件未打字、印刷或字迹不清、有涂改的；附图及图片未用绘图工具和黑色墨水绘制、照片模糊不清有涂改的；申请文件不齐备的；请求书中缺少申请人姓名或名称及地址不详的；专利申请类别不明确或无法确定的；以及外国单位和个人未经涉外专利代理机构直接寄来的专利申请不予受理。

2. 初步审查阶段

经受理后的专利申请按照规定缴纳申请费的自动进入初审阶段。初审前发明专利申请首先要进行保密审查，需要保密的按保密程序处理。在初审时要对申请是否存在明显缺陷进行审查，主要包括审查内容是否属于专利法中不授予专利权的范围；是否明显缺乏技术内容不能构成技术方案；是否缺乏单一性；申请文件是否齐备及格式是否符合要求。若是外国申请人还要进行资格审查及申请手续审查。不合格的，专利局将通知申请人在规定的期限内补正或陈述意见，逾期不答复的，申请将被视为撤回；经答复仍未消除缺陷的，申请予以驳回。发明专利申请初审合格的，将发给初审合格通知书。对实用新型和外观设计专利的申请，除进行上述审查外，还要审查是否明显与已有的专利相同，不是一个新的技术方案或者新的设计，经初审未发现驳回理由的，将直接进入授权秩序。

3. 公布阶段

发明专利申请从发出初审合格通知书起进入公布阶段，如果申请人没有提出提前公开的请求，就要等到申请日起满18个月才能进入公开准备程序。如果申请人请求提前公开的，申请立即进入公开准备程序。经过格式复核、编辑校对、计算机处理、排版印刷程序，大约3个月后在专利公报上公布其说明书摘要并出版说明书单行本。申请公布以后，申请人就获得了临时保护的权利。

4. 实质审查阶段

发明专利申请公布以后，如果申请人已经提出实质审查请求并已生效的，申请人进入实审程序。如果申请人从申请日起满三年还未提出实审请求，或者实审请求未生效的，申请被视为撤回。在实审期间将对专利申请是否具有新颖性、创造性、实用性以及《专利法》规定的其它实质性条件进行全面审查。经审查认为不符合授权条件的或者存在各种缺陷的，将通知申请人在规定的时间内陈述意见或进行修改，逾期不答复的，申请被视为撤回，经多次答复申请仍不符合要求的，予以驳回。实审周期较长，若从申请日起两年内尚未授权，从第三年开始应当每年缴纳申请维持费，逾期不缴的，申请将被视为撤回。实质审查中未发现驳回理由的，将按规定进入授权程序。

5. 授权阶段

实用新型和外观设计专利申请经初步审查以及发明专利申请经实质审查未发现驳回理由的，由审查员作出授权通知，申请进入授权登记准备，经对授权文本的法律效力和完整性进行复核，对专利申请的著录项目进行校对、修改后，专利局发出授权通知书和办理登记手续通知书，申请人接到通知书后应当在 2 个月之内按照通知的要求办理登记手续并缴纳规定的费用，按期办理登记手续的，专利局将授予专利权，颁发专利证书，在专利登记簿上记录，并在 2 个月后于专利公报上公告，未按规定办理登记手续的，视为放弃取得专利权的权利。

五、专利公告

专利公告是一种向国务院专利行政部门申请后发出的公告文件。

申请人向国务院专利行政部门递交专利申请，国务院专利行政部门受理后定期予以公告，公告的主要内容有：

（1）专利申请中记载的著录事项；

（2）发明或者实用新型说明书的摘要、外观设计的图片或者照片及其简要说明；

（3）发明专利申请的实质审查请求和国务院专利行政部门对发明创造申请进行实质审查的决定；

（4）保密专利的解密；

（5）发明专利申请公布后驳回、撤回和视为撤回；

（6）专利权的授予；

（7）专利权的无效宣告；

（8）专利权的终止；

（9）专利申请权的转移；

（10）专利权的转移；

（11）专利实施许可合同的备案；

（12）专利实施强制许可合同的给予；

（13）专利申请的恢复；

（14）专利权的恢复；

（15）专利权的质押、保全、解除；

（16）专利权人的姓名或者名称、地址的变更；

（17）对申请人地址不明的通知；

（18）国务院专利行政部门作出的更正；

（19）其他有关事项。

有关发明或者实用新型说明书及其附图、权利要求书不在国务院专利行政部门定期出版的专利公布、公告中公布或者公告，而由国务院专利行政部门另行全文出版。

第四节 专利申请的方式

专利申请有两种方式：

一、个人申请

申请人直接面交，或通过邮寄的方式向国家知识产权局递交专利申请，也可以通过设在地方的代办处递交专利申请。国家知识产权局于 2004 年 3 月 12 日建立了电子申请系统。申请人可通过国家知识产权局政府网站递交专利申请。普通的个人在中国申请专利，可自行申请，也可委托专利代理机构办理；如果是特殊的个人，则必须委托专利代理机构办理。特殊的个人包括：在中国无经常居所或营业所的外国人；在国外长期居住或工作的中国人；港、澳、台地区同胞。中国个人在国内完成的发明创造向外国申请专利的，应先向国务院专利行政部门申请专利，也要委托专利代理机构办理，不能自行申请。

二、通过专利代理公司申请专利

委托代理公司代理时，专利申请手续全部由代理公司负责，申请人只需说明专利方案内容、缴纳专利费用即可，简单、方便。如果不熟悉申请流程，建议委托代理公司办理。

申请人向国家知识产权局提交专利申请的，必须熟悉专利申请的撰写、申请流程及具体的操作时间和手续，否则，轻则导致专利得不到全面保护，重则导致专利无法获得授权。下面，将重点说明申请人向国家知识产权局申请专利时需要办理的手续。

申请人在审批程序中向专利局办理各种手续，应当以书面形式办理，并且使用专利局制定的统一表格。专利局制定的请求类表格目前总共有 36 种。除了 3 种请求书、说明书、权利要求书、摘要、说明书附图、摘要附图、外观设计图或照片和外观设计简要说明等 10 种申请表格外，常用的手续表格有：专利代理委托书、费用减缓请求书、要求提前公布声明、实质审查请求书、补正书、意见陈述书、恢复权利请求书、延长期限请求书、复审请求书等。

手续表格要按照填表须知正确填写，并且应当由请求人签章。一张手续表格只允许办理一件专利申请的一项手续。例如，一张补正书只能对一件专利申请进行补正，不得在一张补正书上对两件或两件以上的专利申请进行补正，也不允许在一张补正书上对一件专利申请既办理补正手续，又要求办理其他手续，如要求变更申请人地址。

没有统一表格的，除应写明申请人要说明或者请求的内容外，还应当写明申请人的名称或者姓名，写明该手续所针对的专利申请的申请号和发明创造名称，并尽可能在提交文件的上端冠以恰当的标题。例如，发明人请求不公布姓名的，可以在提交的请求书上端写上"发明人请求不公布姓名声明"标题，再写明所涉及申请的申请号、发明创造名称，申请人名称或姓名，然后写明声明内容，当然最后还要由发明人签章。

第三章

专利的管理

知识产权管理是一个系统工程,其有效运转有赖于高效的知识产权管理体系和有效的知识产权战略。

第一节 国家知识产权战略

一、《国家知识产权战略纲要》概述

国家知识产权战略是中国运用知识产权制度促进经济社会全面发展的重要国家战略,《国家知识产权战略纲要》是这一战略的纲领性文件,也是今后较长一段时间内指导中国知识产权事业发展的纲领性文件。

二、《国家知识产权战略纲要》的制定过程和主要内容

(一)制定过程

(1)2005年初,国务院成立了国家知识产权战略制定工作领导小组,启动了战略的制定工作,知识产权局、工商总局、版权局、发改委、科技部、商务部等三十三家中央单位共同推进战略制定工作。国家知识产权战略制定工作任务由《国家知识产权战略纲要》和二十个专题组成。

（2）2007年2月，专题研究工作按期完成。

（3）2007年5月，领导小组召开会议，对纲要文稿进行深入讨论，初步形成了战略的指导思想、基本原则、战略目标、主要措施和重点任务等主体内容。

（4）在国务院领导的直接指导下，《国家知识产权战略纲要》稿经过多方征求意见并反复修改，形成了送审稿提交国务院审议。

（5）2008年4月9日，国务院常务会议审议并原则通过了《国家知识产权战略纲要》。

（6）2008年6月5日，国务院印发了《国家知识产权战略纲要》。

（二）主要内容

1. 指导思想

实施国家知识产权战略，要坚持以邓小平理论和"三个代表"重要思想为指导，深入贯彻落实科学发展观，按照激励创造、有效运用、依法保护、科学管理的方针，着力完善知识产权制度，积极营造良好的知识产权法治环境、市场环境、文化环境，大幅度提升我国知识产权创造、运用、保护和管理能力，为建设创新型国家和全面建设小康社会提供强有力支撑。

2. 战略目标

到2020年，把我国建设成为知识产权创造、运用、保护和管理水平较高的国家。知识产权法治环境进一步完善，市场主体创造、运用、保护和管理知识产权的能力显著增强，知识产权意识深入人心，自主知识产权的水平和拥有量能够有效支撑创新型国家建设，知识产权制度对经济发展、文化繁荣和社会建设的促进作用充分显现。

3. 战略重点

（1）完善知识产权制度。

① 进一步完善知识产权法律法规。及时修订专利法、商标法、著作权法等知识产权专门法律及有关法规。适时做好遗传资源、传统知识、民间文艺和地理标志等方面的立法工作。加强知识产权立法的衔接配套，增强法律法规可操作性。完善反不正当竞争、对外贸易、科技、国防等方面法律法规中有关知识产权的规定。

② 健全知识产权执法和管理体制。加强司法保护体系和行政执法体系建设，发挥司法保护知识产权的主导作用，提高执法效率和水平，强化公共服务。深化知识产权行政管理体制改革，形成权责一致、分工合理、决策科学、执行顺畅、监督有力的知识产权行政管理体制。

③ 强化知识产权在经济、文化和社会政策中的导向作用。加强产业政策、区域政策、科技政策、贸易政策与知识产权政策的衔接。制定适合相关产业发展的知识产权政策，促进产业结构的调整与优化；针对不同地区发展特点，完善知识产权扶持政策，培育地区特色经济，促进区域经济协调发展；建立重大科技项目的知识产权工作机制，以知识产权的获取和保护为重点开展全程跟踪服务；健全与对外贸易有关的知识产权政策，建立和完善对外贸易领域知识产权管理体制、预警应急机制、海外维权机制和争端解决机制。加强文化、教育、科研、卫生等政策与知识产权政策的协调衔接，保障公众在文化、教育、科研、卫生等活动中依法合理使用创新成果和信息的权利，促进创新成果合理分享；保障国家应对公共危机的能力。

（2）促进知识产权创造和运用

① 运用财政、金融、投资、政府采购政策和产业、能源、环境保护政策，引导和支持市场主体创造和运用知识产权。

强化科技创新活动中的知识产权政策导向作用，坚持技术创新以能够合法产业化为基本前提，以获得知识产权为追求目标，以形成技术标准为努力方向。完善国家资助开发的科研成果权利归属和利益分享机制。将知识产权指标纳入科技计划实施评价体系和国有企业绩效考核体系。逐步提高知识产权密集型商品出口比例，促进贸易增长方式的根本转变和贸易结构的优化升级。

② 推动企业成为知识产权创造和运用的主体。

促进自主创新成果的知识产权化、商品化、产业化，引导企业采取知识产权转让、许可、质押等方式实现知识产权的市场价值。充分发挥高等学校、科研院所在知识产权创造中的重要作用。选择若干重点技术领域，形成一批核心自主知识产权和技术标准。鼓励群众性发明创造和文化创新。促进优秀文化产品的创作。

③ 加强知识产权保护。

修订惩处侵犯知识产权行为的法律法规，加大司法惩处力度。提高权利人自我维权的意识和能力。降低维权成本，提高侵权代价，有效遏制侵权行为。

④ 防止知识产权滥用。

制定相关法律法规，合理界定知识产权的界限，防止知识产权滥用，维护公平竞争的市场秩序和公众合法权益。

⑤ 培育知识产权文化。

加强知识产权宣传，提高全社会知识产权意识。广泛开展知识产权普及型教育，在精神文明创建活动和国家普法教育中增加有关知识产权的内容。在全社会弘扬以创新为荣、剽窃为耻，以诚实守信为荣、假冒欺骗为耻的道德观念，形成尊重知识、崇尚创新、诚信守法的知识产权文化。

4. 专项任务

（1）专利。

① 以国家战略需求为导向，在生物和医药、信息、新材料、先进制造、先进能源、海洋、资源环境、现代农业、现代交通、航空航天等技术领域超前部署，掌握一批核心技术的专利，支撑我国高技术产业与新兴产业发展。

② 制定和完善与标准有关的政策，规范将专利纳入标准的行为。

支持企业、行业组织积极参与国际标准的制定。

③ 完善职务发明制度,建立既有利于激发职务发明人创新积极性,又有利于促进专利技术实施的利益分配机制。

④ 按照授予专利权的条件,完善专利审查程序,提高审查质量。防止非正常专利申请。

⑤ 正确处理专利保护和公共利益的关系。在依法保护专利权的同时,完善强制许可制度,发挥例外制度作用,研究制定合理的相关政策,保证在发生公共危机时,公众能够及时、充分获得必需的产品和服务。

(2) 商标。

① 切实保护商标权人和消费者的合法权益。加强执法能力建设,严厉打击假冒等侵权行为,维护公平竞争的市场秩序。

② 支持企业实施商标战略,在经济活动中使用自主商标。引导企业丰富商标内涵,增加商标附加值,提高商标知名度,形成驰名商标。鼓励企业进行国际商标注册,维护商标权益,参与国际竞争。

③ 充分发挥商标在农业产业化中的作用。积极推动市场主体注册和使用商标,促进农产品质量提高,保证食品安全,提高农产品附加值,增强市场竞争力。

④ 加强商标管理。提高商标审查效率,缩短审查周期,保证审查质量。尊重市场规律,切实解决驰名商标、著名商标、知名商品、名牌产品、优秀品牌的认定等问题。

(3) 版权。

① 扶持新闻出版、广播影视、文学艺术、文化娱乐、广告设计、工艺美术、计算机软件、信息网络等版权相关产业发展,支持具有鲜明民族特色、时代特点作品的创作,扶持难以参与市场竞争的优秀文化作品的创作。

② 完善制度,促进版权市场化。进一步完善版权质押、作品登记和转让合同备案等制度,拓展版权利用方式,降低版权交易成本和风

险。充分发挥版权集体管理组织、行业协会、代理机构等中介组织在版权市场化中的作用。

③ 依法处置盗版行为，加大盗版行为处罚力度。重点打击大规模制售、传播盗版产品的行为，遏制盗版现象。

④ 有效应对互联网等新技术发展对版权保护的挑战。妥善处理保护版权与保障信息传播的关系，既要依法保护版权，又要促进信息传播。

（4）商业秘密。

引导市场主体依法建立商业秘密管理制度。依法打击窃取他人商业秘密的行为。妥善处理保护商业秘密与自由择业、涉密者竞业限制与人才合理流动的关系，维护职工合法权益。

（5）植物新品种。

① 建立激励机制，扶持新品种培育，推动育种创新成果转化为植物新品种权。支持形成一批拥有植物新品种权的种苗单位。建立健全植物新品种保护的技术支撑体系，加快制订植物新品种测试指南，提高审查测试水平。

② 合理调节资源提供者、育种者、生产者和经营者之间的利益关系，注重对农民合法权益的保护。提高种苗单位及农民的植物新品种权保护意识，使品种权人、品种生产经销单位和使用新品种的农民共同受益。

（6）特定领域知识产权。

① 完善地理标志保护制度。建立健全地理标志的技术标准体系、质量保证体系与检测体系。普查地理标志资源，扶持地理标志产品，促进具有地方特色的自然、人文资源优势转化为现实生产力。

② 完善遗传资源保护、开发和利用制度，防止遗传资源流失和无序利用。协调遗传资源保护、开发和利用的利益关系，构建合理的遗传资源获取与利益分享机制。保障遗传资源提供者知情同意权。

③ 建立健全传统知识保护制度。扶持传统知识的整理和传承，促进传统知识发展。完善传统医药知识产权管理、保护和利用协调机制，

加强对传统工艺的保护、开发和利用。

④加强民间文艺保护，促进民间文艺发展。深入发掘民间文艺作品，建立民间文艺保存人与后续创作人之间合理分享利益的机制，维护相关个人、群体的合法权益。

⑤加强集成电路布图设计专有权的有效利用，促进集成电路产业发展。

（7）国防知识产权。

①建立国防知识产权的统一协调管理机制，着力解决权利归属与利益分配、有偿使用、激励机制以及紧急状态下技术有效实施等重大问题。

②加强国防知识产权管理。将知识产权管理纳入国防科研、生产、经营及装备采购、保障和项目管理各环节，增强对重大国防知识产权的掌控能力。发布关键技术指南，在武器装备关键技术和军民结合高新技术领域形成一批自主知识产权。建立国防知识产权安全预警机制，对军事技术合作和军品贸易中的国防知识产权进行特别审查。

③促进国防知识产权有效运用。完善国防知识产权保密解密制度，在确保国家安全和国防利益基础上，促进国防知识产权向民用领域转移。鼓励民用领域知识产权在国防领域运用。

三、《国家知识产权战略纲要》实施回顾

自《国家知识产权战略纲要》实施以来，我国走出了一条具有中国特色的知识产权发展道路。特别是党的十八大以来，以习近平同志为核心的党中央将知识产权工作摆在更加突出的位置，作出了一系列重大部署，出台了一系列重大举措，引领我国知识产权事业实现了大发展、大跨越、大提升，成为推动经济高质量发展的有力支撑。

（一）知识产权制度逐步完善

在党中央、国务院坚强领导下，我国已经建起了符合国际通行规

则、门类较为齐全的知识产权制度,加入了世界几乎所有主要的知识产权国际公约。知识产权在国家治理中的作用更加凸显。党的十九大指出,倡导创新文化,强化知识产权创造、保护、运用;党的十九届四中全会要求建立知识产权侵权惩罚性赔偿制度;《关于强化知识产权保护的意见》由中办、国办印发实施。知识产权机构改革顺利完成,专利、商标、原产地地理标志、集成电路布图设计实现了集中统一管理,知识产权在推进国家治理体系和治理能力现代化中扮演着更加重要的角色。

(二)知识产权创造量质齐升

我国已经成为名副其实的知识产权大国。2007年至2019年,国内(未含港澳台)有效发明专利拥有量从8.4万件增长至186.2万件,有效注册商标总量从235.3万件增长至2521.9万件。2018年,全国专利密集型产业增加值达到10.7万亿元,占国内生产总值(GDP)的比重达到11.6%。著作权、植物新品种、地理标志、集成电路布图设计等数量大幅增长。核心专利、知名品牌、精品版权、优良植物新品种等持续增加;以专利为支撑的创新型经济、以商标为支撑的品牌经济、以原产地地理标志为支撑的特色经济和以版权为支撑的文化产业持续推进;知识产权所带来的创新活力和产业推动力持续迸发。

(三)知识产权保护不断强化

我国扎实推进知识产权保护体系建设,形成知识产权"严保护、大保护、快保护、同保护"的工作格局。深化行政执法与刑事司法衔接。不断拓宽仲裁、调解等多种维权渠道,构建知识产权多元化纠纷解决机制。加强知识产权诚信体系建设,对重复专利侵权行为、专利代理严重违法行为等六类严重失信行为进行惩戒。持续提高知识产权审查质量和效率,压减商标、专利审查周期,更好地满足社会需求。

有序布局知识产权保护中心，目前全国已建设 33 家。发布统一的地理标志专用标志，开展地理标志资源普查和专项整治，印发国外地理标志产品保护办法。2019 年，知识产权保护社会满意度达到 78.98 分，整体步入良好阶段。

（四）知识产权运用成效显著

我国聚焦实体经济，加强知识产权转化运用，努力实现知识产权运用从单一效益向综合效益转变，更好地支撑经济社会发展。我国知识产权运营服务体系日趋完善。截至 2019 年底，知识产权运营服务体系建设重点城市已经增加到了 26 个，9 个国家级知识产权运营平台挂牌各类知识产权 12.1 万件，注册用户达到 28.4 万个。专利商标质押融资金额日益增长，解决了更多中小企业融资难题。

（五）知识产权国际合作不断深化

我国扎实推进"一带一路"知识产权合作，8 个务实合作项目都取得重要成果。目前，我国已与全球 80 多个国家和地区及国际组织建立了知识产权合作关系，构建起多边、周边、小多边、双边"四边联动、协调推进"的知识产权国际合作新格局，成为知识产权国际规则制定和全球治理的重要参与者。越来越多的中国企业不断加大知识产权海外布局，PCT 国际专利申请量在 2019 年跃居世界首位，通过马德里体系提交的国际商标申请量位列全球第三位。

四、面向 2035 年知识产权强国战略

随着我国知识产权战略实施工作深入开展，《国家知识产权战略纲要》提出的 2020 年"把我国建设成为知识产权创造、运用、保护和管理水平较高的国家"这一目标已基本实现。目前，我国正在抓紧制定面向 2035 年的知识产权强国战略纲要，形成与《国家知识产权战略纲

要》接续推进、压茬进行的战略布局。

国家知识产权局正在加快编制《知识产权强国战略纲要（2021—2035年）》和《"十四五"国家知识产权保护和运用规划》，将加强知识产权顶层设计，在更高起点上推动知识产权事业稳中求进、高质量发展，为全面建设社会主义现代化国家提供更加有力的支撑。

第二节　专利保护管理

近年来随着人们对知识产权管理与经营等认识的不断加深，对知识产权内涵的认识也有了新的变化，为了强调知识产权资产经营的特性，企业界将管理的重点从"权利"转移到"资产"上来。国内外的经验告诉我们，在知识产权管理过程中，过于强调权利时，人们更关注权利的占有和保护，而忽略了知识的经营，只有强调资产特性时，才能真正引导权利主体将技术转化为现实生产力。

一、专利管理的主要内容

学术界对知识产权应包括的范围仍有争议，而且各国规定的知识产权保护范围也有所不同，但有一点是肯定且统一的，世界上对知识产权保护的范围正在逐步扩大。在知识产权保护的范围越来越宽的背景下，具体到某个企业，其知识产权保护管理的内容会有所不同，特别是不同的行业，其知识产权保护管理的侧重点会有较大差别。比如一家出版社或一家软件公司，应当把著作权保护当作主要内容；主要面向个体消费者的民用消费品生产厂，如化妆品生产厂、饮料生产厂、家电生产厂等，应当把商标保护当作主要内容；一般情况下，对于一个拥有产、供、销流程的常规企业来说，其知识产权保护管理的主要内容应包括：专利管理、技术秘密管理、著作权管理、商标管理、反不正当竞争业务管理、商业秘密保护管理、知识产权综合管理等主要内容。

一项没有进入公知领域的技术创新成果的保护途径有两条：一条是申请专利，期望获准专利权以取得专利法的强有力保护；另一条是作为企业的技术秘密，根据《中华人民共和国反不正当竞争法》，通过有效的保密手段进行自我保护。两种保护方式各有利弊，应针对技术创新成果的不同情况加以选择。

一项技术创新成果申请专利的好处在于：一旦申请被授予专利权后，就享有了在一定地域与时间范围内的独占性权利，除法律另有规定外，未经专利权人同意，任何个人或单位都不得擅自制造、使用、销售或进口其专利产品或使用其专利方法等。但专利申请往往也会带来些负面影响：一是要向全世界公开技术内容；二是要支付有关费用，如申请专利时需要支付专利申请费等，授予专利权后每年还要支付专利权年费；三是要冒是否授予专利权的风险，假如既公开了技术内容，又交付了申请费用，结果却没有被批准授予专利权，公众就可以免费使用该项技术；四是专利权保护有明确期限，我国发明专利权保护期为二十年，实用新型和外观设计专利权的保护期限为十年，保护期满后即进入公知领域，人人均可无偿使用；五是专利权保护有地域性，在哪个国家授予了专利权就在哪个国家得到保护，在未申请和不授权的国家得不到保护。

一项技术创新成果作为技术秘密保护的好处在于只要有效保密，就一直拥有权利，永不过期。美国可口可乐公司一百多年来对其拥有的可口可乐配方从未申请过专利，而是作为技术秘密进行保护，因而使其一直拥有该配方的知识产权。另外，技术秘密不必公开、不用交费，无地域性。但一项技术创新成果作为技术秘密保护也有其不利的一面：一是法律保护的力度不强；二是技术秘密拥有者必须采取有效的保密措施且技术内容应为能够保密的，一旦不慎被他人知晓，即不成为技术秘密；三是界定较难，发生诉讼时，要由法院来判定是否为技术秘密，而不是由拥有者自己确认；四是技术秘密内容不被他人所知，难以在技术经营中进行营销推介。

总之，一项技术创新的成果如何保护，不宜一概而论，应视具体情况权衡利弊后决定采用何种保护措施。一般而言，对于那些适销对路、量大面广、市场前景好又容易被他人"破译"和仿制的技术和产品，应申请专利保护；对于那些可以严格保守秘密，不易简单仿制的技术和产品以及申请专利后不易发现他人侵权的技术，应作为技术秘密保护。更重要的是无论采取何种保护方式，其判断前提是该技术创新成果是否有市场前景或潜在的市场前景，否则便失去了保护的意义。

对于一项相对成体系的组合性的技术发明，一般采用专利和技术秘密结合的保护策略，对于发明的框架思路采用申请专利的方式进行保护，对于具体的技术参数和细节采用技术秘密的方式保护。

二、企业专利管理

所谓专利权就是由国家知识产权局根据专利法授予申请人的一种实施其发明创造的专有权。专利权是一种知识产权，是一种特殊的财产权，它与其他财产权有些不同。专利权必须由申请人主动向国家知识产权局提出申请，然后由国家知识产权局审查，只有符合专利法规定的授予专利权的条件，国家知识产权局才授予申请人在一定时间内享有对该技术的独占权。这种独占权具体表现在"任何单位或者个人未经专利权人许可，不得为生产经营目的制造、使用、销售和进口其专利产品，或者使用其专利方法以及使用、销售和进口依照其专利方法直接获得的产品"的权利。专利具有独占性、时限性和地域性。

我国专利法保护的对象有三种：发明专利，实用新型专利，外观设计专利。所谓发明，是指对产品、方法或者其改进所提出的新技术方案。所谓实用新型，是指对产品的形状、构造、或者其结合所提出的适于实用的新的技术方案。所谓外观设计，是指对产品的形状、图案、色彩或者其结合所作出的富有美感并适于工业上应用的新设计。我国现行的《专利法》规定了三种专利的保护期限为：发明专利二十年，实用新型专利十年，外观设计专利十年，均自申请日起算。

与实用新型专利相比较，发明专利的保护范围宽、创造性要求高、保护期限长且经过严格的实质审查，但所需费用也高。

企业的专利管理是指企业为充分发挥专利制度在企业发展中的重要作用，运用专利制度的特性和功能，从法律、经济和科技的角度，对企业专利的开发、保护、经营而进行有计划的组织、协调、策划和实施的活动。

专利管理完善以后，专利申请量主要取决于技术创新能力，这不是专利管理本身所能解决的问题。要想产生更多的专利要从源头抓起，有必要开展知识产权战略研究，系统策划技术创新规划，明确技术创新的目标，解决好技术创新的动力问题，真正从体系的角度提升技术创新的质量和数量，在此基础上做好知识产权经营的价值最大化。

下文从实用的角度出发，围绕一个企业在专利管理的内容、专利申请的策略和专利管理的流程三方面进行原则性概述。

（一）企业专利管理的主要内容

专利管理的主要内容：研究开发的前端服务导向管理；专利申请策略管理；专利申请管理；专利保护管理；专利许可与转让管理；等等。

研究开发的前端服务和导向管理：在研究开发项目立项之前，要开展专利的查新工作，确保研究开发项目不重复别人的创新路线，明确创新突破的方向；在研究开发项目实施过程中，专利管理职能要为研发项目提供专业支撑服务，一方面为研究开发人员提供专利等专业咨询，另一方面保障创新成果及时纳入专利保护；有效利用知识产权战略及专利地图等管理手段，研究开发项目始终瞄准企业体系性的创新目标。

专利申请策略管理主要指按照企业发展的战略定位及企业在技术

创新过程中的不同阶段来确定专利申请目的和策略等。

专利申请管理是专利管理的核心内容。按照专利申请的策略要求，依托为研究开发项目的支撑服务职能，有效挖掘研究开发项目的创新点，按照企业的产品销售范围和经营战略，组织撰写专利申请材料，及时申请不同国别的专利。

专利保护管理主要指专利申请后的维权管理。核心是能借助有效的渠道及时发现侵权现象，并尽快采取针对性的维权措施。必要的时候可借助司法途径来解决。

专利许可转让管理主要指专利的经营管理。专利经营的途径主要有两个：一是利用专利生产产品对外销售后获取利益；二是将专利权许可转让给其他企业使用来获利。企业对于产品类专利一般采用第一种途径经营，除产品外的其他辅助性专利一般采用第二种途径经营。

总之，专利管理首先要把好申请关，在考虑投入产出、经济效益、保证质量的前提下尽量争取有较大的申请量；随着科技的不断发展，须对已申请的专利实行技术水平、经济效益等方面的动态管理，适时放弃过时的、确无推广应用前景的专利权，积极开拓技术贸易的领域，争取有较多的专利技术产业化、商品化。

（二）企业专利申请的策略

因为申请专利的主要目的是利用法律所赋予的有限垄断权利在市场上获取高额利润，这也是技术创新的主要动力之一。根据专利保护的上述不同特点，以及企业本身的发展战略、产品定位、发明创造等不同特性，专利申请的策略也不同。制定并实施专利申请策略的目的是使专利申请的价值最大化。

1. 专利申请的目的

企业申请专利的目的有三个：独占技术，保持领先优势；广告效应，添附无形资产；对外贸易，实现经济效益。

我国在起步发展阶段，以第一个、第二个两个目的为主，第三个目的为辅。现在则随着时代的发展，其目的转化为以第一个、第三个两个目的为主，第二个目的为辅。

2. 专利权的取得

专利权取得的前提条件是必须由申请人主动向国家知识产权局提出专利申请。向国家知识产权局提出专利申请，要按照中国《专利法》的规定填写"请求书"，提交规定的申请文件，同时还必须缴纳申请费。国家知识产权局按照《专利法》的规定对专利申请进行审查，凡审查合格的授予专利权，并向申请人颁发专利证书。

3. 专利申请的决策依据

一项发明创造在决定申请专利前应该进行经济利益和技术上的分析。当分析后得出的结论是申请专利的好处大于不申请的好处时，才提出专利申请。发明人或发明单位向国家知识产权局提出专利申请请求，并且支付一定的费用后才有可能取得专利权而成为专利权人。专利权人为维持专利权有效，还要每年向国家知识产权局缴纳一定数量的年费，这只是取得了对其发明创造的独占保护权。要使这种独占保护权转化成经济利益，专利权人必须实施自己的专利，通过实施取得经济利益。这种实施可以是自己实施专利技术，也可以是有偿转让专利权，更通常的做法是允许他人实施其专利，收取合理的专利使用费。

可见，只有当专利以商品的形式投入市场，专利权人才能得到直接的经济利益。因此在提出专利申请前首先要考虑和估算该发明以商品的形式投放市场后是否会产生经济利益，这是申请专利前首先要考虑的重要问题。

其次，发明人在申请专利前还要从发明被仿造的可能性上进行分析。如果一项发明技术公开后极易被仿造，同时市场的需求量又很大，那么该发明在市场上被仿造的可能性就较大。为了防止仿造，这类发明技术大多应通过申请专利来加以保护。专利技术内容在专利公报上公开出来后，竞争对手通过公开的专利说明书了解了发明内容，并进行仿造或者在工厂内部生产线上使用，专利权人根本无法发现，或者发现线索后又无法找到仿造证据，这种发明技术就不一定要申请专利。申请人可以采用诸如禁止参观生产现场，制定配方的保密措施等技术保密的办法来保护发明创造技术。

4. 专利申请的有利时间

因为我国实行申请在先原则，专利权授予最先提出申请的人，所以申请人总想尽早去申请专利。《专利法》规定，专利提出申请后，在申请书中揭示的发明创造内容在整个专利申请和专利审查期间是不允许再进一步补充新的内容的，也就是说在提出专利申请后，在今后的修改中，其请求保护的范围不得超过原来发明说明书上揭示的范围，否则就要重新申请一件新的专利，而原来的申请日无效。所以，一般提出申请时，发明构思应该已完成，且已有能够实现的、涉及产品或方法的、专利法可以给予保护的范围十分明确的新的技术方案。具体何时提出申请最有利，申请人要综合考虑上述因素以后确定。

5. 申请前的技术分析

一项发明创造要取得专利权，必须具备专利法中规定的发明可以授予专利权的条件：新颖性、创造性、实用性。申请人在申请专利前应对申请专利的发明创造进行技术上的分析。

新颖性要求在专利申请提交日（指交到国家知识产权局之日）前没有同样的发明创造在国内外出版物上公开发表过；在国内没有公开使用过，或者以其他方式为公众所知；在该申请提交前没有同样的发明或实用新型由他人向国家知识产权局提出过申请，并且记载在以后公布的专利申请文件中。

创造性要求该申请的发明创造技术同申请提交日以前的现有技术相比，具有突出的实质性特点和显著进步，该实用新型要有实质性特点和进步（现有技术是指申请日前国内外出版物上公开发表、在国内公开使用或者以其他方式为公众所知的技术）。

实用性要求申请专利的发明创造能够在工农业及其他行业的生产中批量制造，或能够在生活中应用，并能产生积极的效果。

6. 申请前的经济利益分析

申请专利前应该对申请专利的发明创造技术作全面的商业经济价值的分析。因为申请一项专利要支付一笔不小的费用，还得花费相当多的时间和相当大的精力。因此，如果申请人所取得的专利没有商业实用价值，就有些得不偿失了。所以，申请专利前要对发明创造技术从先进程度、成熟程度、经济效益、实施条件、市场趋势等方面进行经济利益的分析。

有人说申请专利不一定是为了经济效益，而是为了在该技术领域先占领一块阵地。其实按这种说法，通过申请专利先占领一块阵地的最终目的还是为了经济效益，只是预计产生经济效益的时间放得远一些而已。完全不考虑经济效益的专利申请是没有价值的。

（三）企业专利管理的主要流程

企业一般通过制定《专利管理办法》来规范专利管理的主要流程，如果企业规模较小，专利申请量不大，可以将专利管理的主要内容与其他知识产权管理内容一并体现在企业的《知识产权管理制度》当中。

1. 职务发明创造的认定

我国专利法规定，执行本单位的任务或者主要是利用本单位的物质条件所完成的职务发明创造，申请专利的权利属于该单位。执行本单位的任务所完成的发明创造是指：在本职工作（本职工作的职责范围包含完成该发明创造的内容）中作出的发明创造。履行本单位交付的本职工作之外（根据工作的需要，单位指派的任务超出本职工作的范围）的任务作出的发明创造，退职、退休或者调动工作后一年之内作出的与其在原单位承担的本职工作或者原单位分配的任务有关的发明创造也是职务发明。

专利法中所指的本单位的物质条件是指单位的资金、设备、零部件、原材料或者不对外公开的技术资料等。利用本单位的物质条件完成的发明创造是指发明人在完成创造过程中，为完善发明构思而必须做一些实验、模型等消耗的资金、原材料、零部件和所利用的主要设备等。这些物质条件的利用对完成发明构思起着重要的作用，这应该是职务发明。

一般来说，职工属于职务发明范围内的发明创造技术都应根据专利申请策略和专利管理流程适时向知识产权管理部门提出职务发明专利申请。

2. 专利申请前的准备工作

提出专利申请前须考虑如下事项：确定申请专利的种类、确定发明人、确定申请专利的发明名称、进行技术新颖性等方面的检索、与现有技术的比较、准备发明的技术交底书和附图，说明该发明创造技术的实施及推广应用前景。发明人不要对技术保密问题存有顾虑，企业专利管理人员、专利代理人对专利申请人的发明技术负有保密义务。发明人不要有所保留，应该向专利管理人员、专利代理人充分公开并详细介绍发明的内容，代理人只有在充分了解发明人的发明内容后才能准确起草、撰写专利说明书等申请文件。

3. 专利申请前的预审、委托代理等工作

申请部门主管领导对申请专利的发明创造的技术情况、发明设计人情况、发明创造技术的实施及推广应用前景等情况进行确认。知识产权管理部门对专利申请进行技术、法律等方面的审定工作，对决定申请专利的发明创造技术做好专利申请的委托代理工作。

4. 专利申请及申请后的管理工作

企业知识产权管理部门负责办理专利申请及申请后的实审答辩、

费用缴纳、奖酬评定及发放、专利技术的许可或者转让、涉及专利侵权方面的知识产权保护等工作。

5. 专利的技术水平、经济效益动态管理

企业知识产权管理部门应经常了解国内外技术发展动态及水平，对已申请专利在技术水平、推广前景、经济效益等方面与发明设计人进行交流，为有应用前景的专利寻找推广门路，对已经不具备市场经营价值，同时技术水平已经相对落后的专利，应适时放弃专利权，使专利管理一直处于良好状态。

（四）企业著作权管理

所谓著作权又称为版权，是指作品作者根据国家《著作权法》对自己创作的作品所享有的各项专有权利的总和。因为企业对外发表技术和管理文章，对可能涉及的技术秘密建立了保密审查制度，因此企业对员工对外发表文章的著作权一般不再行使权利和管理职能。同时因我国保护软件著作权的法律的规定，软件的开发者对自己软件的表达享有的专有权利，包括发表权、署名权、使用权、使用许可权和获得报酬权以及转让权等，国家依法保护软件权利人的这些专有权利。因此企业对软件著作权应进行专门管理。

受著作权保护的软件包括计算机程序和有关的文档，它们都是可以依靠著作权法保护其著作权的作品。所谓计算机程序是指"为了得到某种结果而可以由计算机等具有信息处理能力的装置执行的代码化指令序列，或者可被自动转换成代码化指令的符号化指令序列或者符号化语句序列"。所谓文档，就是指用来说明一项计算机程序的内容、组成、设计、功能规格、开发情况、测试结果及使用方法的文字资料和图表，例如程序设计说明书、流程图、使用手册等都是该程序的文档。

计算机程序具有目标代码文本和源代码文本两种形式。而利用一定的计算机软、硬件，可以把一项计算机程序的源代码文本自动转换成目标代码文本,也有可能把一项计算机程序的目标代码文本自动地转换成同该程序原来的源代码实质上相同的一种源代码文本。这决定了在对计算机软件实施著作权保护时不能只保护其中同传统文字作品表现形式更加相似的源代码的著作权而不保护目标代码的著作权。计算机程序的源代码和目标代码两者的著作权都应该受到保护。而且一项计算机程序的目标代码和源代码应该作为同一项作品来对待。两者的著作权应该具有相同的保护期限。其中一种文本被发表,应该视为另一种文本也同时被发表。在进行计算机程序著作权登记时,也不必强调所登记的究竟是哪一种文本。

根据企业性质的不同,企业的著作权管理的侧重点也不相同。但总体来说,企业的著作权管理重点在软件著作权管理,软件著作权管理重点关注权利人的确定原则,软件著作权的确权管理、软件著作权的保护管理等主要内容。

1. 软件著作权的权利人确定原则

软件著作权属于软件开发者。软件的原始著作权人可以是自然人,也可以是法人。软件的开发可能有单独开发、合作开发、受委托开发、按照下达任务开发等具体情况,需要针对不同的开发情况确定软件的著作权归属。软件开发者是指实际组织、进行开发工作,提供工作条件以完成软件开发,并对软件承担责任的法人或者非法人单位;依靠自己具有的条件完成软件开发,并对软件承担责任的公民。

对于由两个或两个以上的企业、公民合作开发的软件,《计算机软件保护条例》规定,"除另有协议外,其软件著作权由各合作开发者共同享有"。而且,"合作开发者对软件著作权的行使按照事前的书面协议进行"。

《计算机软件保护条例》规定,公民在一个企业任职期间所开发的软件,如是执行本职工作的结果,即针对本职工作中明确指定的开发目标所开发的,或者是从事本职工作活动所预见的结果或者自然的结果,则该软件的著作权属于该企业。在这种情况下,著作权法还规定,开发人员享有署名权,且企业可以给予开发者奖励。

能够获得著作权保护的是作品构思的表达,而不是作品的构思。因此,著作权属于程序的编写者,而不属于仅仅提出程序设计构思者。若保护计算机程序的构思,应依靠其他法律。

2. 软件著作权的登记

《计算机软件保护条例》规定:"中国公民和单位对其所开发的软件,不论是否发表,不论在何地发表,均依照本条例享有著作权。"也就是说,对于我国公民或单位开发的软件而言,其著作权是随软件的开发完成而自动产生,不论其是否发表,不论其在国内还是国外发表,著作权的获得不需要办理任何手续。

同时《计算机软件保护条例》规定:"本条例发布以后发表的软件,可向软件登记管理机构办理登记申请,登记获准后,由软件登记管理机构发放登记证明文件,并向社会公告。"登记制度是一种自愿性制度,并不是获得软件著作权的前提条件。

软件登记管理机构发放的登记证明文件是软件著作权有效或者登记申请文件中所述事实确实的初步证明,一旦发生软件著作权纠纷,这种登记证明文件具有证据作用。因此,企业对于软件著作权应向登记机构提交登记申请。

3. 软件著作权的保护管理

计算机软件著作权基于其技术性、功能性的程序表达方式,与文字作品的著作权不同,其保护也有其局限性,主要表现在:① 著作权法不能保护软件的思想和功能。计算机软件不仅具有作品性,更具有功能性,而其功能性才是软件最具价值的部分,但著作权法对于软件的构思、设计方案和功能的保护几乎无能为力。② 著作权的保护期过长无法适应计算机软件更新速度快的特点。根据著作权法的对保护期的规定,软件的著作权保护期可长达五十年,自然人的甚至可能达到百年以上，而计算机软件的一大特点是淘汰率高、更新速度快，对一个已经被淘汰的软件仍提供保护，为他人在此软件之上的继续开发设置障碍，不利于软件产业的发展，有损于公众利益。③ 著作权法并不限制他人独立创作完成实质相同或者近似的软件作品。受著作权保护的软件必须是由开发者独立开发，并已固定在某种有形物体上的。如果软件满足了独立创作的条件，即使同他人开发的已有的软件相同或者近似，也不构成侵权，损害了软件权利人的合法权益。④ 著作权法允许他人"合理使用"软件。软件的实际价值体现在其"功能性"上，软件只有在被实施的情况下才能实现其真正价值。但是，根据著作权法的规定，若仅以学习和研究软件内含的设计思想和原理为目的使用软件，属于"合理使用"，不构成侵权。

由于计算机软件著作权保护的局限性，在对计算机软件法律保护的过程中出现了侵权案件的数量大、技术问题与法律问题相互交叉、侵权证据不易获取和保存、侵权判定困难、权利人的损失不易计算等方面的实际困难，增加了软件著作权保护的难度。虽然仅从著作权法保护的单一方面来看，软件著作权保护有自身的局限性和难度，但在实践过程中企业可综合利用专利法、商业秘密法、商标法、著作权法对软件著作权进行综合保护。具体可对一项软件著作权的名称注册商标，便于销售识别保护；同时对功能性、思想性的创新申请专利保护；对于不必公开过程技术参数及代码等的作为技术秘密进行保护；同时再加上著作权的保护。对软件著作权更加全面的保护，是司法界研究的课题之一，期待着能有立法突破。

第三节　知识产权经营管理

目前知识产权所包括的范围主要有专利、技术和商业秘密、作权、商标、原产地名称等，按照知识产权经营的价值链扩展来说，知识产权经营前景十分广阔。

根据其产品和服务所面向的客户不同，知识产权经营的重点也不相同。对于产品和服务直接面向个人消费者的企业，知识产权经营应以商标、专利、技术秘密等为主；当产品和服务面向企业等集体消费者时，因为所面对的是一群理性的有一定专业知识的成熟消费者，产品的"质保书"重于"商标"，因此知识产权的经营以专利、技术秘密等为主。由于计算机软件著作权的"内容"重于"形式"。著作权主要保护的是创作的表达"形式"，对于计算机软件来说，贯穿其中的管理思路和工艺路线等"内容"才是核心技术。因此企业主要将这些"内容"申请专利和作为技术秘密、商业秘密进行保护。这样，计算机软件变成了串起"珍珠（核心技术）"的一条条"线"，珍珠保住了，"线"便显得不重要了，所以对于计算机软件著作权的经营主要以其串起的"珍珠（核心技术）"为主。

一、企业知识产权经营的主要内容

根据企业知识产权保护的特性和重点，其知识产权经营的重点主要包括以下三个方面：

（一）知识产权的内部推广应用（简称技术推广）

技术推广主要指在企业内部不同的成本中心或同一成本中心不同单元之间，以自主知识产权为核心的成熟技术（包括管理技术）转移和推广应用。知识产权的首次应用主要以研究开发、技术改造等项目方式完成的，也属于技术推广的范畴之一。这里"重点研究"和"改进"主要指首次应用后的转移和扩大应用（文中所指的技术推广都指转移和扩大应用，技术实施指首次应用）。

随着企业借助兼并重组等形式做大做强，能否将先进的技术和管理快速传递给所兼并、重组及一体化的单元，决定了兼并、重组及一体化是否成功。所以，建立有效的技术推广机制对于集团型企业来说更加关键。

(二) 知识产权的外部输出贸易 (简称技术输出)

技术输出主要指企业将以自主知识产权为核心的成熟技术以技术咨询、技术许可、技术转让、技术服务以及上述方式的组合或以交付自主知识产权装备等方式所进行的对企业以外单位的交易。

开展技术输出工作，可以为企业创造效益以外，更重要的是可以使企业的技术创新活动形成闭环管理，促进技术与市场的结合。

因为市场可以反映出科技成果中最有价值的东西及其水平，具有最实际的后评估作用。市场可以鉴别出企业对某项科技成果的掌握程度和实际拥有的知识产权比重。企业通过科技成果被市场接受而获取相应的利润，开发研究人员亦可根据国家的有关法律和企业管理制度获得特别奖酬，实现个人价值。企业职工通过科技成果的市场效果认识到无形资产的价值，有利于提高全员的知识产权保护意识，激发从事开发研究的工作热情。技术人员是技术创新的主体，技术市场是锻炼技术人员施展才智的更大的天地。在知识经济时代，完全以资金为因素的投入已缺乏活性，成功的资产经营集团注重以技术、品牌和管理为重点的无形资产投入，依托上述因素的投资或入股，成立高新技术公司，是企业最有前途和活力的发展方式。

企业不但要出产品还要出技术，这是一流企业的核心竞争力之一。企业的技术输出机制包括技术整合集成机制和技术营销机制。

(三) 知识产权的产业孵化 (或称技术孵化)

技术孵化 (technology incubator) 指将具有产业化前景的企业自主知识产权为核心的成熟技术，通过提供再研究、试生产、经营的场地，通讯、网络与办公等方面的共享设施，系统的培训和咨询，政策、融资、法律和市场推广等方面的支持，降低技术产业化的风险和成本，将技术转化及辅导成产业，并提高企业成活率和成功率。

根据企业的扩张战略，其多元产业的产生应该根植于企业具有自主知识产权的核心技术，技术孵化要成为有效的产业化转化平台。

二、企业知识产权经营的主要机制

知识产权的产生是一种创造性的劳动，通过设置知识产权经营机制，使得发明人明白：保护和经营知识产权不仅关系到企业的利益，也关系到发明人自己的利益。"结果"的导向不但会改变知识产权"生产和经营"本身的质量，同时也将改变知识产权创造发明的质量，形成良性的循环。

（一）企业技术推广机制

技术推广机制构建重点要解决推广过程的权利义务约束问题、组织实施问题、激励导向问题。通过对技术推广方和受让方的以推广效果为"结果"的激励，来改变技术推广实施过程的质量。结合技术推广自身的特性，采用模拟市场、项目实施、激励平台结合的方式，构建技术推广的经营机制（机制包括理念、制度、流程、评估）。

1. 内部"模拟市场"机制

在不同的企业法人之间，技术转移主要采用市场方式进行。按照往常的做法，同一个法人之间，技术推广一般采用行政管理的方式执行。但是，多年来的实践证明：采用行政管理的方式，存在着致命的缺陷：① 因为技术推广在不同的成本中心之间进行，出于本位考虑，推广方往往以自身的工作安排为主，将技术推广任务当成一个额外的工作，一般在空档时间才安排执行的人力、物力，这样根本无法满足受让方计划性很强的需求；② 技术推广工作涉及的项目实施任务技术性强、责任大，相应的权利也必须与之匹配，行政方式因其"刚性"

低于合同方式，有很多柔性的借口可以推卸相应的责任，造成技术推广的任务不能圆满完成；③ 技术受让方一般更希望采用自行研发的方式来解决技术问题，借机建立自身相应的技术能力，行政方式因约束性不强，不能很好地起到技术能力传递作用。基于上述理由，企业采用"模拟市场"的技术推广方式，能比较好地解决上述问题。

所谓模拟市场的方式主要为：在企业内部不同的成本中心，按照企业的系统策划确立技术推广的工作计划，具体到每一个技术推广项目，推广方和受让方在归口管理部门的主持下，完全按照市场方式进行合同谈判，商定合同要执行的标的、实施计划、验收条件、合同价格、双方权利义务等，达成一致后签订内部合同。其中，合同价格的确定按照企业制订的定价管理办法，由企业内部定价专家小组确定，不发生实际支付，只作为对推广和受让方完成项目以后进行奖励的依据之一。

模拟市场由于采用"刚性"很强的内部合同方式，对所执行的技术推广项目权利和义务进行了明确地约束，工作计划性完全满足受让方的需求，任务和完成任务的责任明确，可以将技术和技术能力按照合同要求传递给受让方。

2. "项目管理"实施机制

技术推广项目属于技术实施项目的一种，具有自身的几个特性：

（1）不确定性，尽管技术推广项目是成熟技术的转移，但因实施条件的变化，实际上需要做新的适应性改进，存在着不确定性的风险，因此无法制定非常明确的实施方案；

（2）创新性，新的适应性改进以及在此过程中的提高，实际上是一个二次创新的过程，决定了实施过程的管理方式不可能形成一个固定的"运作"流程；

（3）智能性，实施任务更多地依赖智力劳动，因此必须给实施主体以更多思考和能动空间；

（4）不可复制性，尽管技术推广是成熟技术的转移，第一、二两条特性决定了其不可能简单复制，因此，必须提供相应的人力、物力来完成适应性改进等新的任务。

具体到每一个技术推广任务都是以完成某一特定目标为导向的（有明确目标），它涉及各种相互关联活动之间的协调，有限定的期限，它是独一无二的（具有独特性），符合项目的特征，因此采用项目管理模式来组织实施。

3."激励平台"机制

通过建立"激励平台"，通过对技术推广工作"结果"的评价激励导向来改变技术推广工作"过程"。所谓激励平台，即是根据技术推广模拟合同额，减去项目实施过程中的成本，作为净收益，根据对项目完成后的评估结果，提取净收益的一定百分比对技术推广方技术完成人、实施人以及技术受让方的配合实施人进行奖励。项目评估主要围绕项目计划完成及通过技术受让方验收情况、项目知识产权产生情况、项目费用预算执行情况、项目取得的净收益、项目取得的经验和收获五个方面进行。

（二）技术输出机制

技术输出机制主要包括以下几方面内容：（1）建立关键技术输出的决策机制，防止关键技术输出后影响公司的竞争能力；（2）技术整合和营销机制，建立技术输出的资源整合网络和营销代理网络，及时将可输出技术的信息传递给潜在用户，并及时反馈潜在用户的需求；（3）技术输出的项目经理制，建立项目管理和执行的平台；（4）技术输出的评估激励机制。

1. 关键技术输出决策机制

在技术输出过程中，为了防止关键技术输出后造成对企业竞争力的影响，必须建立关键技术输出前的决策评审机制。所谓关键技术主要指：企业所拥有的产品技术；企业所拥有的具有自主知识产权的工艺和装备技术；对企业生产经营有较大影响的工艺、装备、经营、销售、管理等技术。

通过组织专家评审，如果该技术输出将对企业的生产经营造成较大影响，从而构成对企业产品市场的冲击，应决定不予输出；如果该技术的输出虽然对企业的生产经营构成一定的影响，但预引进方可以从第三方获得同类技术，为了掌握主动权，可以决定输出或根据预引进方的具体情况有限制地输出；如果该技术的输出虽然对企业的生产经营构成一定的影响，但企业在该领域已经有了新的技术储备，在保持与预引进方领先一定优势的前提下，可以决定输出。

2. 技术整合和营销机制

机制设置的重点是变以前被动单一的整合技术资源和上门推销方式为现在的主动策划的网状的技术整合和营销机制。机制设置后期待形成"根须"状"现场"整合网络和"市场"营销网络。

在企业内部的"现场"环节，通过结合技术输出的激励机制来引导和驱动知识产权完成人广泛参与现有技术的揉合和集成，加大以成套技术为核心的整合力度，形成可输出技术资源库，在此基础上编制常规和专项技术广告手册。同时，从项目立项策划时就开始考虑输出因素，按照技术市场的要求，总结、提炼和集成技术，形成完整的技术背景资料，知识产权等配套管理要同时适应这种集成的要求。通过技术资源的整合和开发，形成稳定增长的"网络"状的输出技术来源。

在"市场"环节，与企业内外单位进行合作，初步形成成套技术输出的稳定"团队"。同时，重点通过与设计院等签订代理与合作协议，借助设计院较强的市场职能，建立"双赢"的技术输出合作代理机制，逐步形成技术输出的营销网络。以市场方式建立起与行业协会的合作关系，借助协会的技术及市场信息等综合优势，扩大大中型企业的技术输出市场份额。另外，探索与国外技术强势对手的合作，组建"项目财团"模式共同开拓国内及国际的技术市场。

3. 技术输出的项目经理制

在技术输出的项目管理中引入 PMP[①]知识体系，具体结合企业技术输出项目管理的需求，以 PMP 知识体系和项目管理软件为主要内容进行适应性开发，形成企业特色的项目管理体系，并建立自己的项目管理系统。对重大技术输出项目，采用项目经理制的实施机制。在推进项目经理负责制的过程中，需要进一步转变企业管理部门的职能，管理部门主要定位为提供专业支撑和服务，在进一步优化管理程序，规范实施运作的前提下，给项目经理以充分的授权，力争达到职责分明、响应快速、目标明确的实施效果。

为配合项目经理制实施工作，企业对管理部门人员和项目经理及后备队伍进行系统的知识培训，培训内容主要包括：项目管理知识、财税知识、法律知识、工程预决算知识等。同时将为项目经理提供模板化的专业服务，将项目从与用户技术交流开始，到项目完成后进行评估为止，所涉及的法律文本以及项目管理文本等文件全部模板化，并将这些文件固化到企业项目管理系统中，提高项目实施的效率。

（三）企业技术孵化机制

建立技术孵化机制的核心任务是不仅面向企业内部，同时能面向社会，按照国际通行的孵化器规则进行市场化运作，投资主体多元，争取国家高新技术园区政策，采用高新技术孵化有限公司的市场化方式运作。

目前，中国的高新技术孵化器主要由政府和高校主办，其缺点是：（1）政府不是技术创新的主体，政府因自身利益的驱动会有些急

[①] Project Management Professional，项目管理专业人士（人事）资格认证。

于求成，最终会将很多非高新技术的项目纳入孵化器下，造成高新技术孵化器性质改变。

（2）政府主办的高新技术孵化器一般很难进行市场化运作，没有经营上的压力，因而也就很难产生辨识和规避风险的动力，所孵化的项目成功率不高。

（3）高校虽然拥有很多高新技术资源，但是高校所研究的技术一般处在研究（research）阶段，尚未到达开发（development）阶段，市场化的成功率比较低。

（4）高校距离市场较远，缺乏市场化的经营经验。2010年3月，在国家科技大会上进一步明确了企业是技术创新的主体，表明企业不仅是研究开发的主体，更是研究开发成果应用的主体。企业在这样一个大背景下建立高新技术孵化机制，应该是正逢其时。

企业建立高新技术孵化器具有四大优势：

（1）企业具有技术优势，企业是技术创新的投入和实施主体，产生了大量可市场化的高新技术成果，孵化的技术来源稳定；

（2）企业的品牌优势，企业借助自己在行业市场上的成熟品牌优势，建立开放式的高新技术孵化机制，在市场上有相当的号召力；

（3）市场优势，很多综合性集团企业，很多技术孵化成产品后在集团内就有非常广阔的市场；

（4）战略优势。很多集团型企业多元化经营的战略对高新技术孵化器提出了潜在需求。

企业要建立一个成功的高新技术孵化器，必须具备共享空间、共享服务、孵化企业、有经验的孵化人员、高新技术企业园的优惠政策五项要素。初步设想是由企业控股，吸纳部分外来资金（主要来自著名高校和研究机构、企业等），按照国际通行规则，成立企业高新技术孵化有限公司（对外简称为"企业高新"）。"企业高新"以孵化自己的自主知识产权的高新技术为主，同时面向外来高新技术。

其设想是：将知识产权作为投入要素（期权股份）之一参与分配，

简称为期权奖励。具体做法是对所产业化的以自主知识产权为核心的高新技术进行价值评估,评估的价值乘以一定百分比折算为期权股份奖励给技术完成人,一个项目有多个技术完成人的,具体根据每一个技术完成人的贡献大小进行分配。期权奖励的实质是将原本应该一次性给技术发明人的奖励,按照期权方式,根据所孵化公司的未来经营贡献去预期兑现,这样可以引导技术完成人更关注技术的市场化、产品化,从而将技术完成人的自身利益与公司的经营利益紧紧联系在一起。

第四章

专利的保护与运用

第一节 专利权的保护

一、确定专利权保护范围的原则

确定专利侵权的保护范围是判断专利侵权的前提,只有当被控侵权行为的客体落入了专利权的保护范围,才会被认定侵权,反之则不然。与其他民事权利相比,尤其是与有形财产权相比,专利权具有一定的特殊性。有形财产权的权利客体是实实在在的财产,其范围是确定的;专利权的权利客体是发明创造,属于智力成果,具有非物质性的特征,不仅看不见、摸不着,而且也不像光、电等无形物质能够为人们的感官或仪器所感知,因此需要在法律上对其保护范围进行界定。

1. 中心限定原则

所谓中心限定,指权利要求书的文字所表达的范围仅仅是专利权保护的最小范围,可以以权利要求书记载的技术方案为中心,通过说明书及其附图的内容全面理解发明创造的整体构思,将保护范围扩大到四周的一定范围。这种做法使得专利权的范围不仅仅局限于权利要求书的字面含义,还可以较好地延展、覆盖专利方案的全部实质性特征。采用中心限定原则的优点是,可以有效防止有人利用权利要求在撰写方面的缺陷而规避相应的责任,从而充分保护专利权人的利益。

缺点则是，会导致专利权范围的模糊性、不确定性，而且如果对外扩张解释的度掌握不好，就可能导致将新的技术创新认为是侵权，从而阻碍了科技的创新和发展。

2. 周边限定原则

所谓周边限定，指专利权的保护范围完全按照权利要求书的文字确定，对权利要求书的文字要作严格、忠实的解释，其文字表达的范围就是专利权保护的最大范围，专利权人行使其权利必须受该范围的限制，不得越雷池一步。这种做法的优点是采用周边限定原则就使得专利权的保护范围严格按照权利要求书的字面含义限定，任何扩大解释都是不允许的。缺点是，在申请专利时，对权利要求书的撰写提出了高要求，权利要求书的撰写必须反复推敲，仔细考虑，否则专利权人可能因为权利要求书撰写方面的缺陷，导致其权利不能得到充分的保护。

3. 折中原则

这个原则是上述两个原则的综合和折中。折中原则是指专利权的保护范围以权利要求书所记载的实质内容来确定，但不严格拘泥于权利要求书的文字。当权利要求书所表述的技术特征不清时，可以引用说明书和附图来解释。

从专利制度发展的趋势来看，绝大多数国家或多或少都采纳了两者的折中。例如，《欧洲专利公约》第六十九条规定："一份欧洲专利或者欧洲专利申请的保护范围由权利要求书的内容确定，说明书和附图可以用以解释权利要求。"折中原则比较合理，既能对专利权人的专利权给予有效保护，又能避免专利权保护范围的不确定性。

二、我国《专利法》对专利权保护范围的有关规定

（一）保护范围

（1）发明或者实用新型专利权的保护范围以其权利要求书的内容

为准，说明书或附图可用以解释权利要求。一个国家或一个地区所授予的专利保护权仅在该国或地区的范围内有效，在除此之外的国家和地区不发生法律效力，不被认可。专利保护的期限：自申请日起发明专利是 20 年，实用新型专利和外观设计是 10 年。在专利保护期限届满、未缴付年费或主动提出放弃的情况下，专利权将不再受到保护。独立权利要求书包括前序部分和特征部分。前序部分包括写明发明或实用新型技术方案主题名称，发明或实用新型主题最接近的现有技术共有的必要技术特征。特征部分应当写明区别于最接近的现有技术的技术特征。特征部分的技术特征与前序部分的技术特征合在一起，限定发明或实用新型要求保护的范围。

列举一项技术要求书：某产品，由 A、B 组成，其特征在于 C、D，权利要求所要求保护的技术方案包括完整的 A、B、C、D 而不仅仅是技术特征 C、D。如果他人的产品只包含技术特征，例 A、B、C 或 A、B、D 均不属侵权，只有覆盖 A、B、C、D 全部技术特征才属侵权。

（2）外观设计专利权的保护范围以表示在图片或照片中的该外观设计专利产品为准。申请外观设计不要求提交权利要求书、说明书等文字说明文件，而是要求提交图片或照片。判断侵权的标准是：如果在与专利产品相同或相类似的产品上使用了相同或相似的外观设计，即被认为侵权。相同的产品是指用途相同，功能相同；相似产品是指用途相同，具体功能有所不同。

（二）保护方法

在专利权被侵权后，专利权人可以采取三种方式保护自己的专利权。
（1）协商、谈判；
（2）请求专利行政管理部门调解；
（3）提起专利侵权诉讼。

三、侵犯专利权行为的构成

1. 侵犯的对象应当是在我国享有专利权的有效专利

首先，鉴于专利权的地域性，有效专利一般应当是指获得国家知识产权局授权的专利。其次，鉴于专利权的时效性，只有在规定保护期内未因缴费、无效宣告、放弃等原因失效的专利才是有效专利。需要注意的是，如果一项专利权由于某些原因被宣告无效，则该专利权将被视为自始不存在，因此即使有他人在前已经实施也不构成专利侵权。

2. 有违法行为存在

此处的违法行为指行为人未经专利权人许可，以营利为目的实施专利的行为。需要注意的是，最新修订的《专利法》（2021年6月1日施行）第七十五条规定了5种不认为是侵权的行为，是专利侵权责任的例外规定，如果行为人不能举证以此作为抗辩理由，则应当认定行为人构成专利侵权，并依法承担责任。

3. 行为人主观上有过错

侵权人主观上的过错包括故意和过失。所谓故意是指行为人明知自己的行为是侵犯他人专利权的行为而实施该行为；所谓过失是指行为人因疏忽或过于自信而实施了侵犯他人专利权的行为。

4. 应以生产经营为目的

《专利法》第十一条规定：发明和实用新型专利权被授予后，除本法另有规定的以外，任何单位或者个人未经专利权人许可，都不得实施其专利。判定的关键是"实施"，即不得为生产经营目的制造、使用、许诺销售、销售、进口其专利产品，或者使用其专利方法以及使用、许诺销售、销售、进口依照该专利方法直接获得的产品。外观设计专利权被授予后，任何单位或者个人未经专利权人许可，都不得实施其专利，即不得为生产经营目的制造、许诺销售、销售、进口其外观设计专利产品。因此，以生产经营为目的也应是判断专利侵权的构成要件之一。

四、侵犯专利权行为的类型

专利侵权行为的类型分为直接侵权行为和间接侵权行为两类。

直接侵权行为，指直接由行为人实施的侵犯他人专利权的行为。其表现形式包括：制造发明、实用新型、外观设计专利产品的行为；使用发明、实用新型专利产品的行为；许诺销售发明、实用新型专利产品的行为；销售发明、实用新型或外观设计专利产品的行为；进口发明、实用新型、外观设计专利产品的行为；使用专利方法以及使用、许诺销售、销售、进口依照该专利方法直接获得的产品的行为。

间接侵权行为，指行为人本身的行为并不直接构成对专利权的侵害，但实施了诱导、怂恿、教唆、帮助他人侵害专利权的行为。间接侵权行为通常是为直接侵权行为制造条件，常见的表现形式有：行为人销售专利产品的零部件、专门用于实施专利产品的模具或者用于实施专利方法的机械设备；行为人未经专利权人授权或者委托，擅自转让其专利技术的行为等。

第二节 专利运用

一、专利许可

1. 独占使用许可

独占使用许可是指被许可人在一定的时间和地域限制范围内，对许可人（专利权人）的专利技术享有独占使用权，并且被许可人是该专利技术的唯一使用人，许可人（专利权人）和任何第三方都不得在相同的时间和地域范围内实施专利。根据这种许可方式，许可人（专利权人）虽然可以获得较高的专利技术使用费，但也束缚了许可人（专利权人）自己的手脚。这种独占使用许可合同，因为许可人（专利权人）不实施专利，对专利产品的市场是否受到侵害并不关心，因此，一般要规定被许可人有直接起诉制止专利侵权行为的权利，包括许可人（专利权人）和任何第三方的侵权行为。

2. 排他（非独占）使用许可

排他（非独占）许可方式，规定许可人（专利权人）与被许可人分享专利技术的使用权，许可人（专利权人）不得再允许第三者实施其专利。许可人（专利权人）与被许可人共同占有市场，通过专利技术的实施，获得经济利益。这种排他（非独占）许可合同，一般要规定许可人（专利权人）要有及时制止专利侵权行为的义务，如果许可人（专利权人）不及时制止专利侵权行为，则允许被许可人有制止专利侵权行为的权利。

3. 普通使用许可

普通实施许可是许可方（专利权人）可以将专利技术多次许可他人使用的许可贸易方式，即同时跟多个公司或个人合作的方式。采用这种许可方式，许可方（专利权人）除了允许被许可人实施其专利外，还可以允许第三方使用其专利，许可方（专利权人）自己仍然保留其专利的使用权。这种许可合同的被许可方一般没有直接起诉制止专利侵权行为的权利，但许可人（专利权人）有及时制止专利侵权行为的义务，如果许可人（专利权人）不履行义务及时制止专利侵权行为，则被许可人有终止合同的权利。这种许可方式的好处是有利于专利技术的推广应用，但如果许可人（专利权人）只考虑收取专利实施许可费用，没有限制地签订这种实施许可合同，会导致专利产品的生产过剩，影响被许可人的利益。

至于许可费用的多少，或者占股份的多少，则是双方约定的。因为不同的专利，其价值和市场是不同的。这要与投资方共同商谈才行。

二、专利转让

专利转让是拥有专利申请权和专利权的人把专利申请权和专利权转让给他人的一种法律行为。《专利法》规定：专利申请权和专利权可以转让。全民所有制单位转让专利申请权或者专利权，必须经上级主管机关批准；中国人（或单位）向外国人转让专利申请权或专利权，必须经国务院有关主管部门批准。转让专利申请权或专利权的当事人必须订立书面合同，经专利局登记和公告后生效。专利转让包括出售、折股投资等多种形式。

专利转让合同是指专利权人作为转让方，将其发明创造专利的所有权或持有权移转给受让方，受让方支付约定价款所订立的合同。通过专利权转让合同取得专利权的当事人，即成为新的合法专利权人，同样也可以与他人订立专利转让合同、专利实施许可合同。

专利权的转让，应该向国家知识产权局办理著录项目变更手续，提交著录项目变更申报书。专利权人因权利的转让或者赠与发生权利转移提出变更请求的，应当提交转让或者赠与合同。单位订立合同的，应当加盖单位公章或者合同专用章；公民订立合同的，由本人签字或者盖章。有多个专利权人的，应当提交全体权利人同意转让或者赠与的证明材料。

专利转让可以委托专利代理机构来办理转让手续。自行办理的话，只需要从国家知识产权局网站上下载著录项变更表然后按要求填写，并提供相应附件，寄到国家知识产权局，并交纳费用即完成变更手续。

三、专利拍卖

专利拍卖是指专利权人或专利申请人将自己拥有的专利权或专利

申请权以协议交易、挂牌出售以及公开竞价拍卖等方式与购买方进行买卖的行为。

(一) 专利拍卖的产生

专利拍卖由一种变价途径而演化为技术流转方式，专利权人从被动处理到主动交易，该转变背后所隐含的是专利权性质与市场机制的互动机理。

1. 专利权的排他性使其具备可流转性

在保护期内，专利权人有权禁止未经其许可的实施行为，这种排他使用权在效果上类似于垄断，而且属法律豁免的合法垄断。在市场层面，垄断者可凭借其垄断地位获取竞争优势，但同时因与公平竞争秩序不相容而受政府规制，垄断在市场竞争中属于"稀缺品"。专利的经济价值在于其垄断属性，拍卖制度则通过公开竞价提供专利权这种具有垄断属性的产品，其比传统的专利许可、合同转让方式更有效率、更为透明，对市场竞争者具有莫大的吸引力。

专利的商业价值不在于智慧成果本身，而在于对智慧成果的控制权。专利权的绝对性、排他性限制并消除了知识成果本身具有的非消耗性、使用的非竞争性，提升了权利人对于技术成果的控制，而对于权利的有效控制是专利拍卖能够进行的前提之一。专利权的内在属性与拍卖的制度设计具有共通性。同一技术主题可能同时存在若干个研究者，但专利权仅授予在先申请的发明人或申请人，允许其在特定时间对该专利技术独占实施。拍卖制度实质上是一种特殊买卖合同关系，通过公开竞价将特定物品或者财产权利转让给最高应价者。二者背后的共通点是，通过提倡竞争来获得最优结果。

2. 专利拍卖优于传统的技术交易模式

传统技术交易主要采用合同、谈判方式，在该模式之下，交易完成需要如下过程：第一，转让方或受让方需要寻找潜在的交易方，搜寻过程往往会耗费相当的成本；第二，与寻找到的交易方进行接触和谈判，难以评估的专利价格、信息的不充分、交易市场的不透明等因素，均会增加谈判成本和交易失败的风险。

而在专利拍卖中，公开竞价机制的运行会降低以上的成本及风险。一是寻找潜在交易方由拍卖机构等中介方完成，交易双方无需负担该阶段的成本。二是专利拍卖的优势在于为买方与卖方提供了共同的开放平台，并使双方预知了交易效果，竞买人之间公开竞价、委托人公开专利信息、中介机构对专利的检索与评估等提供了从专利技术到价格等全方位的信息，有助于建立一个公开透明的市场。三是公开竞价具有价格发现功能，拍卖过程中必然涉及估价问题，经过竞价能够体现拍卖品的潜在价值，正是这个过程体现了拍卖市场的价格发现功能。

专利拍卖中公开竞价等一系列机制的设置弥补了传统技术交易的不足，节约了买卖双方的交易成本，并且有助于专利技术价值的正确评估。

3. 专利拍卖具有现实需要

专利权的排他性使其具有可拍卖性，且专利拍卖与传统技术交易模式相比具有公开透明、成本节约等特点。除此之外，客观的现实需求也是专利拍卖推进的一个重要原因。

技术创造领域的专利积压，迫切需要比传统交易方式更有效率的方式。我国技术科研单位承担的科研及创新工作中不乏优秀的专利技术，但由于缺乏市场化的渠道，无法弥补科研成本投入，许多专利技术处于待转化的闲置状态。

专利技术的增多，交易规模的扩大，同样要求更加有效、公开及透明的交易市场。知识产权的价值正在提升，事实上，它们的价值正在逐渐增大，已难以进行私下秘密交易。随着数字经济的诞生，世界范围的知识产权在迅猛增加，交易量从 1990 年的 100 亿美元到 2007 年的 2000 亿美元。专利拍卖的高效、快速、公开透明的特性，不仅有利于高价值的专利技术的转让，而且能够满足大规模专利技术出让的需求。

（二）专利拍卖的优势分析

传统的专利技术交易方式以协议交易和谈判交易为主。多是技术方先进行简单信息发布，然后是企业和技术方一对一谈判和协议交易。交易通常是秘密进行的，双方闭门谈判交易，外人无法知悉，即所谓的"隐形交易"。这种方式相对单一，规模较小，双方相互选择余地有限，常常出现专利技术供给方和需求方信息沟通不畅、所需时间较长、成交效率不高的情况，导致专利技术转化率低。相比传统的谈判交易方式，专利拍卖有以下优点。

首先，专利权人可以广泛选择交易伙伴。实际上，专利拍卖的参与者，从大型跨国公司，到中小企业，再到一些科研机构都对这个市场感兴趣。

其次，技术中介通过对互补性专利的整合，提升专利的价值。在专利拍卖中，知识经纪人还可以把相关专利打包出售，使专利购买人轻松穿越"专利丛林"而没有后顾之忧。

（三）专利拍卖中存在的问题

1. 专利拍卖的平均成交率偏低

以海洋托莫公司为例（ICAPO cean Tomo，LLC.），2009年夏共举行10场拍卖会，除在欧洲的两场外，其余8场均在美国。在10场拍卖中，平均成交率为35.5%，最低为7.06%，最高也仅达到61%。相较于艺术品拍卖市场（佳士得2009年拍卖成交率为80%），如此低的成交率是多种因素相互作用的结果。

首先，市场评估机制的缺乏，导致专利权人的预期价格过高，这是专利拍卖成交率偏低的主要原因。专利权人对其所持有的专利通常有高估倾向，尤其是在缺乏系统完整的专利评估机制的情况下，权利人没有相应市场价格的引导，对专利的价格设置过高，最终导致流拍。如2006年世界首次专利拍卖，只有25%的成交率。在许多情形中，拍卖标的吸引了众多竞标者，但未能达到权利人的底价，该次拍卖低估了给专利等知识产权估价的难度。

其次，在知识产权交易中，权利人和竞买者对于价格评估的方法不同：竞买人在评估专利价值时主要考虑未来专利收益的现值，而权利人则以市场以及个人预期为判断基础。

最后，专利拍卖未能预留给潜在竞拍人足够的时间用于决策。在慕尼黑举行的首届欧洲专利拍卖会上，组织者未能给购买者足够的时间，参与竞购需要6周的时间去研究拍卖的知识产权、进行法律尽职调查以及财务核算。竞拍者对参与竞拍行为的决策是建立在成熟严谨的调查结果基础之上的，如法律上的尽职调查通常需要相当的时间来进行，加上财务评估整个过程也需要一个时间周期，这就要求拍卖会的组织者对拍卖的时间流程安排要合理。

2. 潜在的"专利怪兽"以及"技术压制"

"专利怪兽"是专利法领域含有特定含义的词语，意指特定个人或公司购买专利但并不使用，而是潜伏等待与专利相关的产业或公司成长之后，要求许可费或者通过诉讼获取利益。表面上，"专利怪兽"的运作模式与专利拍卖似乎不相容："专利怪兽"通常以低价购买专利，而拍卖专利往往是最高价成交。但是这并不排除"专利怪兽"介入拍卖市场的可能，专利拍卖所提供的开放式技术交易平台、较低的最终成交价格均给予"专利怪兽"以可乘之机。

与"专利怪兽"相类似，"技术压制"指特定竞拍人参与专利竞拍，目的在于防止竞争、压制新技术开发。技术压制也可能遭遇前述的价格问题，但是当使用新技术的潜在收益高于已有技术收益时，技术压制可能会出现。虽然"专利怪兽""技术压制"对于初步发展的拍卖市场而言似乎过于遥远，但若从长远来看，这一问题需要慎重对待。

四、专利质押

（一）专利权质押概念

专利权质押是指债务人或第三人将拥有的专利权担保其债务的履行，在债务人不履行债务的情况下，债权人有权把折价、拍卖或者变卖该专利权所得的价款优先受偿的物权担保行为。

（二）专利权质押的特征

专利权质押或者专利权中的财产权质押属于权利质押，它是指以专利权中的财产权作为质押的标的物，在债务人届期不履行债务时，债权人有权以该专利权转让的价款优先受偿。专利权质押有以下几个特征：

（1）专利权质押的标的物是权利——专利权中的财产权。动产质押的标的物则是动产。其他权利质押的标的物是各种不同于专利权的权利。

（2）在专利权出质期间，质权人是绝对没有权利许可他人使用或转让该出质的权利的，质权人只有占有和保全该权利的权利。

（3）在专利权出质期间，维持专利权本身的一切费用应由出质人承担，如专利年费、专利规费等。但质权人如认为该出质的权利可能对自己有益，也可自己出费用，对这些费用，质权人有权请求出质人补偿。

（4）专利质押登记生效。动产质押要把质物交付质权人生效。但是，专利质押除订立质押合同外，还必须办理出质登记，质权自登记之日起生效。

（三）专利权质押的设定

1. 专利权质押合同的订立

专利权质押合同可以是单独订立的书面合同，也可以是主合同中的担保条款。国家知识产权局《专利权质押登记办法》的规定如下：

第九条　当事人提交的专利权质押合同应当包括以下与质押登记相关的内容：

（一）当事人的姓名或者名称、地址；

（二）被担保债权的种类和数额；

（三）债务人履行债务的期限；

（四）专利权项数以及每项专利权的名称、专利号、申请日、授权公告日；

（五）质押担保的范围。

第十条　除本办法第九条规定的事项外，当事人可以在专利权质押合同中约定下列事项：

（一）质押期间专利权年费的缴纳；

（二）质押期间专利权的转让、实施许可；

（三）质押期间专利权被宣告无效或者专利权归属发生变更时的处理；

（四）实现质权时，相关技术资料的交付。

专利权的客体分为三种：发明，即"对产品、方法或者其改进所提出的新的技术方案"；实用新型，即"对产品的形状、构造或者其结合所提出的适于实用的新的技术方案"；外观设计，"指对产品的形状、图案、色彩或者其结合所做出的富有美感并适于工业上运用的新设计"。既然专利权的客体分为三种，那么专利权质押合同应当具体约定被质押的专利是哪一种，载明其名称、专利号等，以免发生条款不明、无法履行的情况。

专利权是一个集合概念，它具体包括以下几种权利：

独占权，即专利权人排他性地利用和最终处分其专利权的权利，这是专利权中最基础的权利。独占权又分为：制造、使用、销售其专利产品的权利，使用专利方法的权利，制造、销售外观设计专利产品的权利。除合理使用外其他任何人未经专利权人的同意不得非法行使专利权人的独占权。

转让权，即专利权人有权通过订立专利权转让合同转让自己的专利权，以取得经济收益。

许可权，即专利权人允许其他单位或个人实施其专利权，以取得经济收益；标记权，即专利权人有权在其专利产品或该项产品的包装上标明专利标记和专利号的权利，这是一项人身权利性质的权利。

专利产品的进口权，即指专利权被授予后，除法律另有规定外，专利权人所享有的阻止他人未经专利权人许可，为生产经营目的的进口其专利产品或者进口依照其专利方法直接获得的产品的权利。

因此，专利权质押合同应当约定被质押的是哪一项或几项权利，当然标记权不得作为质押标的。

用以出质的专利权应具备以下条件：

（1）专利权必须有效。专利权具有时间性，而为了保障债权实现，必须保证质物是无可争议的有效专利。证明专利权有效的文件包括专利证书、年费缴纳凭证、专利登记簿等。《专利权质押登记办法》规定如下：

第十二条 专利权质押登记申请经审查合格的，国家知识产权局在专利登记簿上予以登记，并向当事人发送《专利权质押登记通知书》。质权自国家知识产权局登记时设立。

经审查发现有下列情形之一的，国家知识产权局作出不予登记的决定，并向当事人发送《专利权质押不予登记通知书》：

（一）出质人与专利登记簿记载的专利权人不一致的；

（二）专利权已终止或者已被宣告无效的；

（三）专利申请尚未被授予专利权的；

（四）专利权处于年费缴纳滞纳期的；

（五）专利权已被启动无效宣告程序的；

（六）因专利权的归属发生纠纷或者人民法院裁定对专利权采取保全措施，专利权的质押手续被暂停办理的；

（七）债务人履行债务的期限超过专利权有效期的；

（八）质押合同约定在债务履行期届满质权人未受清偿时，专利权归质权人所有的；

（九）质押合同不符合本办法第九条规定的；

（十）以共有专利权出质但未取得全体共有人同意的；

（十一）专利权已被申请质押登记且处于质押期间的；

（十二）其他应当不予登记的情形。

（2）作为质物的是专利权中可转让的财产权，即因取得专利权而产生的具有经济内容的权利，系指独占权和由此派生的许可权、转让权等。

在债权未受清偿前，出质人应用其出质权利的全部来担保债权的实现。

（3）专利申请权虽然是获得专利权的前提，依法可以转让，但其有明显的法律上的不确定性，使之不能作为一种具有法律效力的财产权，因而不能将专利申请权作为质物进行质押。

（4）出质人必须是合法专利权人。认定出质人是否"合法"的标准就是看其有效证件与专利文档所记载的内容是否一致。《专利权质押合同登记管理暂行办法》第八条第一项规定，"出质人非专利文档所记载的专利权人或者非全部专利权人的"，专利权质押合同将不予登记。

如果一项专利有两个以上的共同专利权人，则出质人应为全体专利权人。如果得不到全体专利权人的共同认可，也不能将专利权进行质押。

中国单位或个人向外国人出质专利权时，须经国务院主管部门批准。办理登记时，要提交国务院有关主管部门的批准文件。

出质人和质权人如果对合同签订或专利事务不太了解，可以委托代理人办理专利权质押合同登记，办理登记时，不仅要按照《专利权质押合同登记管理暂行办法》规定提交出质人的合法身份证明，还要有委托书及代理人的合法身份证明。

2. 专利权质押的登记

（1）办理专利权质押合同登记的程序。

质押合同登记申请的受理部门是中国专利局专利工作管理部专利市场处。当事人可以按以下程序办理质押合同登记。

① 签订专利权质押合同。

② 向中国专利局索取登记申请表，认真填写并签名盖章。

登记申请表由中国专利局统一印刷。

③ 按《专利权质押合同登记管理暂行办法》第六条的规定提交（寄交或面交）以下文件：专利权质押合同登记申请表；主合同和专利权质押合同；出质人的合法身份证明；委托书及代理人的身份证明；专利权的有效证明；专利权出质前的实施及许可情况；上级主管部门或国务院有关主管部门的批准文件；其他需要提供的材料。

④ 按规定缴纳登记费。登记费可由当事人协商负担。

⑤ 当事人提交了齐备的申请文件并以缴费之日为登记申请的受理日，由此专利局启动审核程序，依法对登记申请进行审查。

⑥ 需要补正的，当事人应当按补正通知书的要求进行补正。

⑦ 不论登记申请得以批准与否，中国专利局均将以通知书的形式将审查结果通知当事人。

（2）办理登记变更手续。

质押期间，可能出现的变更有以下几种情况。

① 著录项目变更。由于此时权利人对权利的处分权受到了限制，所以著录项目变更请求须得到出质人与质权人双方同意才可以提出。

在提出著录项目变更请求时，除正常变更程序所需文件外，当事人还应向中国专利局提交书面同意变更协议，经专利工作管理部审核批准，变更程序才能继续进行。否则，将不予变更。

② 质押合同内容变更。变更质权人、被担保的主债权种类及数额或质押担保的范围、申请延长质押期限的，当事人应当向专利局提交当事人书面协议、原《专利权质押合同登记通知书》及其他有关文件，填写《专利权质押合同登记变更申请表》，报专利局审查。

（3）专利权抵押合同登记文档及登记簿的作用。

专利权质押合同一经受理，专利局即启动审核程序，并通过登记管理数据库对质押全过程进行管理。此外，经过专利局审核后，除向当事人发送通知外，还要将以下文件存入登记文档：① 质押合同登记申请表；② 质押合同登记变更申请表；③ 质押合同登记注销申请；④ 专利权质押合同；⑤ 其他有关文件。该登记文档中的有关内容，将以专利权质押合同登记簿的形式提供给公众。通过查阅登记簿，公众就可以在签订专利权质押合同之前，了解到有关专利权的出质情况，以免在签订质押合同时出现重复质押，此外，公众在接受转让或许可时，也可以查阅登记簿了解所要受让的权利是否有质权存在，以便决定是否可以接受转让或许可。如果专利权正处在质押期间，对作为质物的专利权的任何变更均须得到质押合同当事人双方的共同认可，否则，都将是无效行为。查阅登记簿后，公众如果需要了解质押登记的详细情况，可以再查阅登记文档中的原始文件。

（4）专利权质权注销登记。

以下情形应办理质押登记注销手续：

① 因债权提前得以清偿或其他原因当事人要求提前解除质押合同登记的；

② 专利权因被宣告无效、撤销或其他原因丧失的；

③ 因主合同无效致使质押合同无效的；

④ 质押期限已届满的；

⑤ 其他原因。

此外，对提交虚假合同证明文件或者以其他手段非法取得或伪造专利权质押合同登记的，有关合同登记将被依法注销；并由当事人所在地专利管理机关处以 1000 元以上、10000 元以下罚款。

办理专利权质押注销登记的程序：

① 当事人向专利局提交《专利权质押合同登记通知书》、合同履行完毕凭证、书面协议及其他证明材料。

② 经专利局审核后，向当事人发出《专利权质押合同登记注销通知书》。

③ 质押期限届满 15 日内当事人不主动办理注销登记的，该合同登记将被自动注销。登记注销日以届满日为准。专利权质押合同自登记注销之日起失效。

④ 债务履行完毕的，质权人返还当初出质人交付的专利证书等文件。债务未履行完毕的，可以将质物协议折价，也可以依法拍卖、变卖质物。

五、专利作价入股

1. 以专利技术入股的两个重要前提

以专利技术入股有两个重要前提，其一，此专利已获得国家专利局颁发的专利证书，且仍处于专利有效期内；其二，以专利技术入股的人必须是专利的合法权利人。

2. 专利技术入股的形式

专利技术入股的形式包括以专利所有权入股、以专利实施许可权入股，还有把专利申请权也视为专利技术作价入股。以上三种出资形式都是合法可行的，但实践中对于以后两种方式出资入股的，在一些问题的处理上还存在一定的法律障碍，比如对于专利独占实施许可权的评估作价在实践中不好确定以及出资义务的完成不容易确定等问题，所以，实践中很少采用后两种方式入股。在签订出资协议时，最好明确以专利技术入股的形式，为了减少纠纷，首当推以专利所有权入股。

3. 以专利技术入股的条款

在以专利技术入股时，还应当考虑到明确技术资料的交接和权利的移交、专利入股方的技术培训和指导、后续改进成果的权属和各方的违约责任等合同条款。

4. 以专利所有权入股的必要出资手续

以专利所有权入股需完成以下出资手续方可认定出资无瑕疵，首先须对专利的价值进行评估，专利所有权的评估作价虽无统一的标准，但在实践中可根据技术含量、寿命周期以及周期处于寿命的阶段由专业的评估人士来评估。然后专利权人依据设立公司的合同和章程到专利局办理专利权转移于被投资的公司的登记和公告手续，工商登记机关凭专利权转移的手续确定以专利技术入股的股东的完成股东出资的义务。

5. 专利入股需要特别注意专利技术的可靠性

由于审批专利的审查员受专利局文献存储量的限制和工作疏忽等原因，给不具备专利条件的技术授予专利权的可能性是存在的，另外对于实用新型专利和外观设计专利是不进行实质审查的，所以法律规定任何单位和个人都可以提出宣告专利无效的申请。专利一旦被宣告无效就不具备财产权的属性，就不能作为入股的技术。因此在签订协议前对专利进行必要的审查检索及在合同中约定入股专利被宣告无效后股东之间以及股东与公司之间的关系是非常必要的。

6. 专利入股出资比例提高

我国原有的《公司法》规定无形资产的出资金额不能超过注册资

本的 20%，被认定为高新技术企业对无形资产的比例为 35%。所以过去以无形资产出资的不会成为绝对的控股股东，在公司治理中只能处于附属地位。但根据新《公司法》规定，知识产权的出资比例已经无此限制，可成为绝对的控股股东。以专利技术出资的一方在签订出资协议时，应明确公司成立以后，自己在治理公司方面的权利与义务，并明确获取公司利润的方式。因为《最高人民法院关于审理技术合同纠纷案件适用法律若干问题的解释》规定，当事人以技术入股方式订立联营合同，但技术入股人不参与联营体的经营管理，并且以保底条款形式约定联营体或者联营对方支付其技术价款或者使用费的，视为技术转让合同。如果以专利技术入股的一方不谨慎考虑此条款内容，可能会导致自己丧失股东的地位。

7. 以专利技术入股还必须考虑到如何撤资或转让股权的问题

以技术入股，出资额是经过专业人士评估出来的确定价格，日后以技术入股一方如想转让股权或撤资，如何确定该股权转让的价格将会是很重要的问题。建议在制作公司章程时，就明确约定撤股或股权转让时，如何计算股权转让的价格，避免日后纠纷。

六、知识产权出资

知识产权人实现其权利的途径包括：自己直接运用自己的知识产权及将自己的知识产权转让或许可他人实施。用知识产权出资入股属于第二种知识产权实现的途径，所以出资的具体方式应当包括"转让"和"许可"两种方式。下面将介绍知识产权的出资方式。

（一）知识产权出资方式

1. 知识产权所有人以转让知识产权所有权的方式出资

知识产权以转让的方式出资应当符合法律关于知识产权转让的规

定。《中华人民共和国商标法》(下文简称《商标法》)和《专利法》都有出资方用商标或专利技术转让方式出资,均应将特定商标或专利权整体完全转让出资的规定。可以说这种出资方式和公司法人财产权的具体内涵是相适应的,所以不存在现实中的冲突问题,但是可否用知识产权部分转让的方式出资值得商榷。笔者认为对于这种出资方式在现实中的利用还是必要和可行的,但是要对其利用设定严格的条件。知识产权出资人如果以转让方式出资,必须承诺其作为出资的知识产权权利不足以产生误认、混淆或者其他不良影响,出资方如果已将该知识产权许可他人使用,办理投资转让以前,须征得被许可人的同意,按照使用许可合同的规定,处理好善后事宜,不得因用知识产权投资而损害被许可人的利益。

无论从理论架构还是实际情况出发,选择知识产权转让方式向公司出资都符合公司享有由股东投资形成的法人财产权的基本原理,因为"转让"就意味着永久性转移,公司对该知识产权便享有最终所有权,因而也就拥有最终处分权,可以作为公司承担亏损和风险的资本担保。可以说用知识产权转让方式出资符合《中华人民共和国公司法》(下文简称(公司法))出于资本信用考量的各种规定。

2. 知识产权所有人以使用许可方式出资

知识产权主体若选择"使用许可"的方式进行出资,是否在理论上会与公司法律制度关于注册资本的规定发生冲突?这种冲突是否可以通过相应的制度建设来予以解决?是否在实务操作中面临巨大的风险甚至难以操作?拟成立的公司必须以一种外在的表现形式,证明其拥有知识产权使用权的合法性以及排除其他人的不当使用权利。这种外在的表现方式,只能是出资登记或备案。通过工商局对商标权进行登记转让相较而言是比较简单的,目前在我国没有专利或商标用于出资的具体登记制度,投资者可以其个人的名义向相应的行政管理机关提出申请,且这种申请也往往会因没有先例可循面临失败的风险。

除此之外，知识产权权利人若采用使用许可的方式向公司出资，则用作出资的知识产权不发生全部权利的转移，公司对该知识产权仅享有一定期限和一定范围的使用权。那么，这将会与公司法发生两个方面的冲突：

首先，与公司资本维持原则相冲突。所谓资本维持原则又称资本充实原则，是指公司在其存续过程中应经常保持与资本额相当的财产。如《公司法》第二十五条规定，"股东应当按期足额缴纳公司章程中规定的各自所认缴的出资额。"第三十四条规定，"公司成立后，股东不得抽资出逃。"资本维持原则的立法目的是防止资本的实质减少，保护债权人的利益，同时也防止股东对盈利的不当分配，确保公司本身业务活动的正常开展。知识产权的使用许可权出资与公司资本维持原则的冲突主要表现在以下两点：其一，知识产权中的部分权利是有有效期的，诸如商标权、专利权、计算机软件著作权，一旦失效便进入公共领域，任何个人和企业都可以无偿使用。这个有效期短于公司的经营期限的话，实质上相当于出资人变相抽回了其出资；其二，知识产权的价值具有不稳定性，商标权的价值与对该商标的使用情况以及使用该商标的商品质量状况息息相关，专利技术、专有技术和计算机软件等的价值与新技术的开发运用情况以及市场变化关系密切，一旦用作出资的知识产权价值波动致使低于其出资入股时的评估价值，则亦与公司资本维持原则相悖。

其次，与公司承担责任的要求相冲突。公司享有由股东投资形成的全部法人财产权，依法享有民事权利，承担民事义务。公司以其全部法人财产依法经营，自负盈亏。出资人用知识产权以使用许可的方式出资，则接受出资的公司对该知识产权不能享有最终处分权。那么当公司发生债务纠纷时，债权人可否对作为债务人资本组成部分的该知识产权主张权利呢？作为债务人的公司如何"以其全部资产对公司的债务承担责任"呢？

出资方以知识产权使用许可方式出资所涉法律后果较为复杂。公司对于该项财产事实上不拥有完全的处分权,这与法人财产权是相悖的,如何来平衡这两者之间的关系,是否应直接舍弃这种出资方式呢?笔者认为,应根据现实情况来回答这些问题。我们不能简单地从知识产权使用许可的角度分析这种出资方式的利弊。

在现实情况下,以知识产权许可使用的形式作为出资方式并非没有,并且这种利用形式还是比较普遍的。故笔者认同以知识产权许可使用的方式向公司出资,但前提条件是这种出资的许可使用必须是独占性的。也可以说知识产权用益出资比完全知识产权出资,承担一些额外的信息成本、契约成本和排他成本。这些额外的交易成本,往往会使当事人在颇费周折后不得不以其他变通方法来降低交易成本,甚至选择放弃。虽然实践中存在着知识产权用益出资的需求,但因其极大的模糊性及风险性使得其发展十分有限。且在满足有关许可使用的具体法律规定的基础上,权利人还要受公司其他股东利益的制约,固在考虑这个问题的解决之道时,可以通过确立股东利益稳定和债权人利益的考量因素,在公司内部对权利人再利用该部分知识产权的行为进行限制。事实上,资本化了的知识产权是动态资本,具有明显的不稳定性,这不仅是接受投资的企业必须考虑的,而且也是知识产权出资方在选择出资方式时需要慎重考虑的重要因素。

实践中,股东以知识产权作价出资的,应当及时办理知识产权的转移手续,否则要承担相应的法律责任。

(二)知识产权出资问题

公司设立时公司发起人除了以货币、土地使用权形式出资外,还往往用知识产权进行出资,以生产高科技产品为目的而设计的公司更是如此。由于知识产权相对于货币及土地使用权来说,是一种无形的、有期限性的资产,在实践中的出资情况就显得更为复杂,对公司发起各方来说,如何对待知识产权的出资,既能使技术出资方实现自己的投资目的,又能平衡其他出资方的利益,是出资中必须解决的问题。

要处理好这个问题,则不仅需要了解公司法、外商投资企业法等法律有关知识产权出资的相关规定,还需要了解知识产权出资所产生的法律后果。以便在实践中设计、运用一些法律方案。

1. 有关知识产权出资的标的范围

《公司法》《中外合资经营企业法》①都明确规定知识产权的出资范围为工业产权和非专利技术(也称专有技术)。在我国,工业产权主要包括专利权和商标权这两类权利。因而,应注意到知识产权出资标的中不包括著作权。另外,《中外合资经营企业法》还要求,作为外国合营者出资的工业产权或专有技术必须符合下列条件之一:① 能生产中国急需的新产品或出口适销产品的;② 能显著改进现有产品的性能、质量,提高生产效率的;③ 能显著节约原材料、燃料、动力的。

2. 有关知识产权作价出资的金额在注册资本中的比例

知识产权出资的金额需要作价计算,此作价的金额经发起各方认可后即构成不变的注册资本的一部分。负有限责任的公司的注册资本是公司对外承担债务责任的最低保证金。因此,为了保障公司债权人的利益,在公司的整个经营期内,公司的注册资本金额不能减少。一般而言,由于技术的更新期越来越短,一项技术要在长时间内保持领先地位是很难的。随着时间的推移,技术是趋于贬值的,这样,就会形成注册资本实际上的减少。由于我国技术水平较发达国家相比仍显落后,在合资企业的设立中,外方往往以专利权、商标权、非专利技术等出资,而且,他们凭借这方面的优势,要求很高的作价。由于过高地估价,常常导致注册资本的账面价值与实际价值不符,为防止注册资本的"缩水",有些国家的法律不允许以知识产权进行出资。

在我国新的《公司法》中,取消了对知识产权在注册资本中的比

---

① 指《中华人民共和国中外合资经营企业法》,本书中简称《中外合资经营企业法》。

例限制，但在具体的执行过程中，各个地方的市场审批局出于保护债权人的考虑，在设立公司时，往往不希望都以知识产权的形式出资。

3. 有关知识产权出资与知识产权转让的选择

新设立公司要利用他人的知识产权可以通过两种途径：一是知识产权所有人作为股东，以知识产权向公司进行出资；二是由知识产权所有人将该知识产权转让给公司。出资行为和转让行为的法律性质不同，产生的法律后果也不一样。了解这一点后，发起人各方可就公司如何利用知识产权做出对自己有利的选择。

首先，以知识产权出资的行为，是一种投资行为，同时也是一种特殊的知识产权转让行为。确切地说，以知识产权出资的行为是一种投资性的知识产权转让行为，且这种投资转让是永久性的，公司如不解散清算，投资人不得从公司中提取这部分财产。作为出资的对价，出资人换取对公司财产的股权，出资人的经济利益的实现是通过其股权每年带来的分红来实现的。当然，如果公司经营不好，出资人也就可能一分钱也分不到，如果公司资不抵债，被宣告破产，公司还有权将该知识产权作价变卖，其价款用于清偿公司的债务。所以，作为股东的出资行为是需要承担风险的。而我们一般所说的知识产权的"转让"，严格地说包括转移知识产权所有权的转让和只转移知识产权使用权的"使用许可"。这种转让不是以投资为目的，当转让方或许可方将知识产权转让或许可给公司后，公司作为受让方或被许可方应支付转让费或使用许可费给转让方或许可方。因此，转让人的经济利益是通过获得一定的价款而不是非固定的投资分红实现的。此转让费或使用费一般地讲是从公司成本中列支，一次或逐次按年由转让方或许可方提取，当企业出现亏损时，公司仍然应当从企业成本中列支转让费或许可费，转让方或许可方在合同条件下（如以销售额、销售数量提成），仍可能获得知识产权转让或使用许可应得的利益。如果公司因亏损以至于资不抵债破产，转让方或许可方在未得到按合同应得的全部转让费或使用费的情况下，可以作为公司的债权人参与分配公司的剩余财产。

其次，由于知识产权作价入股的出资人是公司的股东，因此享有股东为公司利益和为自己利益而行使的共益权，如股东会上的表决权、对董事的起诉权等。而知识产权转让人或许可人则不能享有公司股东的这种权利。

了解知识产权的出资与转让的不同以后，公司发起人各方将根据具体情况选择适合自己情况的方案。如公司为了充分调动知识产权出资人的积极性，以使其在今后的产品研发中发挥更大的作用，可要求知识产权所有人以知识产权出资方式加入公司。由于知识产权所有人已成为公司股东，享受经营成功的收益，承担经营失败的风险，在此种情况下，知识产权所有人自然会竭尽全力发挥其技术等方面的优势。如果知识产权人充分看好自己的技术、市场和其他公司发起人的资信情况，要求知识产权作价入股将会可能得到比转让知识产权更高的收益。

根据我国《公司法》的规定，公司的股东是以其出资在注册资本中的比例分享利益和承担风险的。由于技术有随时间的推移发生贬值的特点，技术出资方如以技术作价的出资额在注册资本中的固定比例永久性地分配公司的收益，对其他出资人来说，也会造成分配利益的不均衡。而以技术转让支付的转让费或许可使用费，往往采用收取入门费加提成费的方式，至于提成则有销售额提成、销量提成、利润提成等。所以，如果技术不再先进或被淘汰，产品在市场上已没有销路，则技术转让人每年应得的提成费就可能无法兑现。这种把知识产权所有人与公司的经济效益联系在一起的知识产权利用方式，对平衡知识产权所有人与公司的利益，以及知识产权所有人与公司股东的利益，也是很可取的。因此，企业在实践中若采用这种方式，可更好地保障公司和其他股东的经济利益。尤其在中外合资、中外合作企业的设立中，由于技术来源方往往是外方，为了保证注册资本的不变，防止缩水，以及为了维护中方的经济利益，合资合作时，最好要求外方以货币出资，技术的利用可以在公司成立后由公司作为受让方受让利用。

4. 有关知识产权出资的作价价格

应该说，知识产权出资的作价价格，与其他方式出资如实物出资、土地使用权出资相比显得难以确定。实物、土地使用权都有相应的市场价格，即使实物已经使用过，也有统一的固定公式的折旧计算法。而技术在市场上，没有较为统一接近的市场价。一项技术既然比其他同类技术领先，一个商标既然比别的同类产品或服务上的商标有名气，那么，这项技术或商标就有比其他技术或商标更高的价值，而这部分价值究竟高出多少，很难用公式精确的计算出。因此，用知识产权出资时对知识产权的评估只是一个供发起人确定其知识产权作价金额的参考数，最终作价金额的确定是发起人各方在评估金额的基础上相互协商的结果。

应该注意的是，我们常常看到媒体报道，某某技术拍卖要价一个亿，某某驰名商标评估价值为几百亿。其实，这种价格只是该项知识产权理论上的一个参考价值，而其真正的价值应该是这项知识产权在发生交易时所实现的价值，如果没有交易，它的价值就是不确定的。另外，在用知识产权出资时，还应注意是以知识产权的何种权利出资，即是以知识产权的所有权出资还是使用权出资。如以所有权出资，知识产权的所有权将转移给公司所有，出资人只对其知识产权享有股权，不再享有所有权。在此情况下，出资人自己不能以营利为目的擅自使用该项知识产权，也不能再将该知识产权的所有权或使用权转让或许可给其他人。如果仅以知识产权的使用权出资，则出资人对该知识产权仍享有所有权，在不违反出资协议的情况下（如公司独占使用该知识产权），出资人还可自己使用或许可给其他人使用该知识产权。所以知识产权以所有权出资时的作价金额，就显然应该比以使用权出资的作价金额高。

最后，依照《公司法》第二十七条第二款的规定，对作为出资的非货币财产应当评估作价，核实财产，不得高估或者低估作价。知识产权的评估应该聘请有评估资格的资产评估机构（包括资产评估事务所、会计师事务所、审计事务所、财务咨询公司等）进行。依照国有资产管理的有关法规，以国有性质的知识产权出资的，其评估报告还须由法律、行政法规、规章规定的部门（通常是国有资产管理局）进行确认，以防出现低估的现象，造成国有资产流失。

5. 关于知识产权出资的权利转移手续

依照《公司法》第二十八条的规定，以非货币财产出资的，应当依法办理其财产权的转移手续，即到法定机构办理知识产权的"过户登记"，没有办理"过户登记"的，知识产权在法律上仍然没有发生转移，出资人仍然没有完成出资。因此，以专利技术的所有权出资的，依照有关专利权转让和使用许可的有关法律规定，应到中国专利局办理专利权人变更登记手续并予以公告，即将专利权从专利技术出资人一方"过户"到新设立的公司头上。以专利技术使用权出资的，出资合同应向中国专利局备案。以非专利技术出资的，目前法律尚无相应的规定。以注册商标所有权出资的，依照《商标法》及《商标法实施细则》关于商标权转让及使用许可的有关规定，出资人和新设立的公司应当共同向商标局提出申请，附送原《商标注册证》。申请经商标局核准后，将原《商标注册证》加注发给新设立的公司，并予以公告。以注册商标使用权出资的，出资合同应报商标局备案，如果出资人没有履行出资义务，即未办理知识产权所有权转移的有关手续，该知识产权从法律上便没有发生转移，这种情况下出资合同仍然有效，知识产权出资人构成对出资合同的违约，公司可追究出资人不出资的违约责任。按照《公司法》的要求，知识产权办理转移登记手续后，还必须经工商行政管理机关登记注册的会计师事务所或者审计事务所验资，并出具验资证明。

第五章

专利交底书撰写案例

　　专利申请是获得专利权的必需程序。专利权的获得，要由申请人向国家专利机关提出申请，经国家专利机关批准并颁发证书。申请人在向国家专利机关提出专利申请时，应提交一系列的申请文件，包括：权利请求书、说明书、说明书摘要、说明书附图、摘要附图和权利要求书等。

　　专利申请书的撰写有很强的规范性，要求表达精准，不能有歧义。国家知识产权局给出了撰写专利申请文件的基本要求，以及示例。但针对某个具体的专利申请，并没有很清楚地给出撰写指南。申请者不容易准确地撰写申请文件，导致多次补正，既费事又影响申请进度，甚至不能获得批准。

　　本章以柳州铁道职业技术学院师生共创申报成功的发明专利、实用新型专利、外观设计专利的交底书作为案例来进行说明。

第一节　发明专利交底书撰写案例

　　一般情况，申请实用新型专利的居多，外观专利的申请较为简单（参考本书后面的案例撰写）；发明专利与实用新型专利的申请文件格式一样，只是把"实用新型"换成"发明"即可。

一、说明书摘要

说 明 书 摘 要

本发明公开了一种机车位置检测电路、检测方法及系统。所述检测电路包括单片机、电感数字转换器以及印刷电路扳 PCB 线圈：所述单片机与所述电感数字转换器相连接；所述 PCB 线圈包括多个，所述 PCB 线圈与所述电感数字转换器相连接；所述 PCB 线圈与所述电感数字转换器之间并联有电容，所述 PCB 线圈与所述电容构成振荡电路；多个所述 PCB 线圈具有间膈且埋设于轨道的下方；当机车经过所述轨道时，所述振荡电路输出频率转换成数字量输出，由所述电感数字转换器接收，根据接收的数字量确定所述机车的当前位置、运动方向及运动速度。采用本发明所提供的检测电路、检测方法及系统能够降低机车故障率以及机车位置检测电路的维护难度。

二、摘要附图

摘 要 附 图

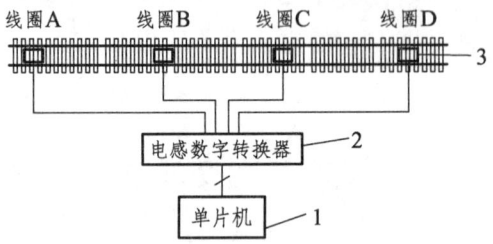

三、权利要求书

权 利 要 求 书

1. 一种机车位置检测电路，其特征在于，包括：单片机、电感数字转换器以及印刷电路板 PCB 线圈；

所连单片机与所述电感数字转换器相连接；

所述 PCB 线圈包括多个，所述 PCB 线圈与所述电感数字转换器相连接；所述 PCB 线圈与所述电感数字转换器之间并联有电容，所述 PCB 线圈与所述电容构成振荡电路；多个所述 PCB 线圈具有间隔且埋设于轨道的下方：当机车经过所述轨道时，所述振荡电路输出频率转换成数字量输出，由所述电感数字转换器接收，根据接收的数字量确定所述机车的当前位置、运动方向及运动速度。

2. 根据权利要求 1 所述的机车位置检测电路，其特征在于，所述单片机由 Ardiuno 控制器；所述电感数字转换器为 LCD1314；

所述 LDC1314 通过 I2C 总线与所述 Ardiuno 控制器进行通信；

所述 LDC1314 的中断输出引脚 INB 与 Arduino 的 INT0 引脚 2 相连；

所述 LDC1314 的引脚 SD 与 Arduino 的引脚 4 相连；

所述 LDC1314 的引脚 CLKIN 采用外部有源晶振输入 40M 的外部时钟信号，ADDR 接地使得 LDC1314 的从机地址为 0x2a。

3. 根据权利要求 2 所述的机车位置检测电路，其特征在于，所述电感数字转换器的频率范围为 1kHz-10MHz。

4. 根据权利要求 1 所述的机车位置检测电路，其特征在于，所述 LDC1314 最多与 4 个 PCB 线圈相连接。

5. 一种机车位置检测方法，其特征在于，所述检测方法应用于一种机车位置检测电路，所述检测电路包括：单片机、电感数字转换器以及印刷电路板 PCB 线圈；所述单机与所述电感数字转换器相连接；

权 利 要 求 书

所述 PCB 线圈包括多个，所述 PCB 线圈与所述电感数字转换器相连接；所述 PCB 线圈与所述电感数字转换器之间并联有电容，所述 PCB 线圈与所述电容构成振荡电路；多个所述 PCB 线圈具有间隔且埋设于轨道的下方；当机车经过所述轨道时，所述振荡电路输出频率转换成数字量输出，由所述电感数字转换器接收，根据接收的数字量确定所述机车的当前位置、运动方向及运动速度；

所述检测方法包括：

获取第一时刻的第一线圈电感；

根据所述第一时刻的第一线圈电感判断是否有机车经过轨道，得到第一判断结果；

若所述第一判断结果表示为有机车经过轨道，获取第二时刻的第二线圈电感；

根据所述第一线圈电感以及所述第二线圈电感确定所述机车的当前位置、运动速度以及运动方向。

6. 根据权利要求 5 所述的机车位置检测方法，其特征在于，根据所述第一线圈电感以及所述第二线圈电感确定所述机车的当前位置、运动速度以及运动方向，具体包括：

根据所述第一线圈电感确定所述机车的第一位置；

根据所述第二线圈电感确定所述机车的第二位置；

将所述第一位置到所述第二位置的方向作为所述机车的运动方向；

获取所述第一位置到所述第二位置的距离以及时间；

根据所述距离以及所述时间确定所述运动速度。

7. 一种机车位置检测系统，其特征在于，包括：

第一线圈电感获取模块，用于获取第一时刻的第一线圈电感；

第一判断模块，用于根据所述第一时刻的第一线圈电感判断是否

权 利 要 求 书

有机车经过轨道，得到第一判断结果；

第二线圈电感获取模块，用于若所述第一判断结果表示为有机车经过轨道，获取第二时刻的第二线圈电感；

机车参数确定模块，用于根据所连第一线圈电感以及所述第二线圈电感确定所述机车的当前位置、运动速度以及运动方向。

8. 根据权利要求 7 所述的机车位置检测系统，其特征在于，所述机车参数确定模块具体包括：

第一位置确定单元，用于根据所述第一线圈电感确定所述机车的第一位置；

第二位置确定单元，用于根据所述第二线圈电感确定所述机车的第二位置；

运动方向确定单元，用于将所述第一位置到所述第二位置的方向作为所述机车的运动方向；

距离及时间获取单元，用于获取所述第一位置到所述第二位置的距离以及时间；

运动速度确定单元，用于根据所述距离以及所述时间确定所述运动速度。

四、说明书

说 明 书

一种机车位置检测电路、检测方法及系统

技术领域

本发明涉及机车位置检测领域，特别是涉及一种机车位置检测电路、检测方法及系统。

说　明　书

背景技术

随着我国高速铁路的快速发展，对铁路运输类人才的培养需求越来越旺盛，为了更好的切近实际，让学生尽快适应职业培养需求和更直观的教学，沙盘模型教学无疑是一种最为有效的教学模式，因其直观性强，更加接近现场，但相比现场教学更加安全、便利，使得越来越多的铁路大专院校采用这种教学模式，也催生了越来越多的教学设备制造企业投入研发相关的沙盘教学模型，为了让沙盘教学模型更加的接近实际，就需要沙盘模型具备整个铁路系统的所有环节，轨道电路作为整个沙盘模型的重要组成部分之一，用于检测轨道区间车辆占用情况，同时也起到列车位置检测的作用，目前主要有两种实现方式，一种是采用干簧检测，这种检测的方法是在钢轨相应区段的分界处安装干簧管，然后在机车模型上加装磁铁，当机车通过时，机车上的磁铁对干簧管作用，干簧管闭合的方式进行检测；另一种方式是射频卡检测方式，这种检测方式是在轨道上或侧面安装射频识别（Radio Frequency Identifcation，RFID）卡，RFID卡内写有相关的区段信息，在机车安装RFID读卡器，当机车通过时，RFID读卡器读取安装在轨道上（旁）的RFID卡信息的方式来获取机车位置信息。这两种方式是目前的主流方案，但这两种方式都需要在钢轨上表面或机车模型上安装相应的外部设备，由于机车模型是按照真实车辆等比缩小制作而成，精密度较高，人为加装外部设备很容易出现机械卡死甚至损坏机车车辆，故障率高，维护难度大。

发明内容

本发明的目的是提供一种机车位置检测电路、检测方法及系统，以解决在机车或钢轨上加装外部设备故障率高，维护难度大的问题。

为实现上述目的，本发明提供了如下方案：

说 明 书

一种机车位置检测电路,包括:单片机、电感数字转换器以及印刷电路板 PCB 线圈;

所述单片机与所述电感数字转换器相连接;

所述 PCB 线圈包括多个,所述 PCB 线圈与所述电感数字转换器相连接;所述 PCB 线圈与所述电感数字转换器之间并联有电容,所述 PCB 线圈与所述电容构成振荡电路;多个所述 PCB 线圈具有间隔且埋设于轨道的下方;当机车经过所述轨道时,所述振荡电路输出频率转换成数字量输出,由所述电感数字转换器接收,根据接收的数字量确定所述机车的当前位置、运动方向及运动速度。

可选的,所述单片机为 Ardiuno 控制器;所述电感数字转换器为 LCD1314;

所述 LDC1314 通过 I2C 总线与所述 Ardiuno 控制器进行通信;

所述 LDC1314 的中断输出引脚 INB 与 Arduino 的 INTO 引脚 2 相连;

所述 LDC1314 的引脚 SD 与 Arduino 的引脚 4 相连;

所述 LDC1314 的引脚 CLKJN 采用外部有源晶振输入 40M 的外部时钟信号,ADDR 接地使得 LDC1314 的从机地址为 0x2a。

可选的,所述电感数字转换器的频率范围为 1kHz~10MHz。

可选的,所述 LDC1314 最多与 4 个 PCB 线圈相连接。

一种机车位置检测方法,所述检测方法应用于一种机车位置检测电路,所述检测电路包括:单片机、电感数字转换器以及印刷电路板 PCB 线圈;所述单片机与所连电感数字转换器相连接;所述 PCB 线圈包括多个,所述 PCB 线圈与所述电感数字转换器相连接;所述 PCB 线圈与所述电感数字转换器之间并联有电容,所述 PCB 线圈与所述电容构成振荡电路;多个所述 PCB 线圈具有间隔且埋设于轨道的下方;当机车经过所述轨道时,所述振荡电路输出频率转换成数字量输出,由

说 明 书

所述电感数字转换器接收，根据接收的数字量确定所述机车的当前位置、运动方向及运动速度；

所述检测方法包括：

获取第一时刻的第一线圈电感；

根据所述第一时刻的第一线圈电感判断是否有机车经过轨道，得到第一判断结果；

若所述第一判断结果表示为有机车经过轨道，获取第二时刻的第二线圈电感；

根据所述第一线圈电感以及所述第二线圈电感确定所述机车的当前位置、运动速度以及运动方向。

可选的，所述根据所述第一线圈电感以及所述第二线圈电感确定所述机车的当前位置、运动速度以及运动方向，具体包括：

根据所述第一线圈电感确定所述机车的第一位置；

根据所述第二线圈电感确定所述机车的第二位置；

将所述第一位置到所述第二位置的方向作为所述机车的运动方向；

获取所述第一位置到所述第二位置的距离以及时间；

根据所述距离以及所述时间确定所述运动速度。

一种机车位置检测系统，包括：

第一线圈电感获取模块，用于获取第一时刻的第一线圈电感；

第一判断模块，用于根据所述第一时刻的第一线圈电感判断是否有机车经过轨道，得到第一判断结果；

第二线圈电感获取模块，用于若所述第一判断结果表示为有机车经过轨道，获取第二时刻的第二线圈电感；

机车参数确定模块，用于根据所述第一线圈电感以及所述第二线圈电感确定所述机车的当前位置、运动速度以及运动方向。

说 明 书

可选的，所述机车参数确定模块具体包括：

第一位置确定单元，用于根据所述第一线圈电感确定所述机车的第一位置；

第二位置确定单元，用于根据所述第二线圈电感确定所述机车的第二位置；

运动方向确定单元，用于将所述第一位置到所述第二位置的方向作为所述机车的运动方向；

距离及时间获取单元，用于获取所述第一位置到所述第二位置的距离以及时间；

运动速度确定单元，用于根据所述距离以及所述时间确定所述运动速度。

根据本发明提供的具体实施例，本发明公开了以下技术效果：本发明提供了一种机车位置检测电路、检测方法及系统，将印制电路板（Printed Circuit Board，PCB）线圈埋设于轨道的下方，避免了传统的机车位置检测电路设于轨道的上方，致使轨道上方凸起的问题，从而完全避免了机车在轨道运行时，容易出现机械卡死，甚至损坏机车车辆的现象，进而降低了机车损坏的故障率。

附图说明

为了更清楚地说明本发明实施例或现有技术中的技术方案，下面将对实施例中所需要使用的附图作简单地介绍，显而易见地，下面描述中的附图仅仅是本发明的一些实施例，对于本领域普通技术人员来讲，在不付出创造性劳动性的前提下，还可以根据这些附图获得其他的附图。

图 1 为本发明所提供的机车位置检测电路的电路图；

图 2 为本发明所提供的 Ardiuno 控制器与 LDC1314 硬件连接的电路图；

说 明 书

图 3 为本发明所提供的机车位置检测方法流程图；

图 4 由本发明所提供的机车位置检测系统结构图。

具体实施方式

下面将结合本发明实施例中的附图，对本发明实施例中的技术方案进行清楚、完整地描述，显然，所描述的实施例仅仅是本发明一部分实施例，而不是全部的实施例。基于本发明中的实施例，本领域普通技术人员在没有做出创造性劳动前提下所获得的所有其他实施例，都属于本发明保护的范围。

本发明的目的是提供一种机车位置检测电路、检测方法及系统，能够降低机车故障率以及机车位置检测电路的维护难度。

为使本发明的上述目的、特征和优点能够更加明显易懂，下面结合附图和具体实施方式对本发明作进一步详细的说明。

图 1 为本发明所提供的机车位置检测电路的电路图，一种机车位置检测电路，包括：单片机 1、电感数字转换器 2 以及印刷电路板 PCB 线圈 3；所述单片机 1 与所述电感数字转换器 2 相连接；所述 PCB 线圈 3 包括多个，所述 PCB 线圈 3 与所述电感数字转换器 2 相连接；所述 PCB 线圈 3 与所述电感数字转换器 2 之间并联有电容，所述 PCB 线圈 3 与所述电容构成振荡电路；多个所述 PCB 线圈 3 具有间隔且埋设于轨道的下方；当机车经过所述轨道时，所述振荡电路输出频率转换成数字量输出，由所述电感数字转换器 2 接收，根据接收的数字量确定所述机车的当前位置、运动方向及运动速度。

在实际应用中，所述单片机 1 为 Ardiuno 控制器；所述电感数字转换器 2 为 LCD1314；LDC1314 是 TI 公司的一款电感数字转换器 2，可以支持四通道传感器线圈接入，实现非接触式电感检测，其转换位数高达 12 位，该产品使用简便，仅需要传感器频率处于 1 kHz 至 10 MHz 的范围内即可开始工作；由于支持的传感器频率范围 1 kHz 至 10 MHz

说 明 书

较宽，因此还支持使用非常小的 PCB 线圈，从而进一步降低感测解决方案的成本和尺寸；本发明采用 PCB 线圈 3 用来非接触检测机车模型，当金属机车模型靠近 PCB 线圈 3 时，由于金属电涡流效应，将导致 PCB 线圈电感量变化。

图 2 为本发明所提供的 Ardiuno 控制器与 LDC1314 硬件连接的电路图，如图 2 所示，本发明所提供的机车位置检测电路包括单片机 1、LDC1314 及安装在轨道下方的 PCB 线圈 3，PCB 线圈 3 两端并接一个电容 C，PCB 线圈电感 L 与电容 C 构成一 LC 振荡电路，一旦机车模型通过时，埋设在轨道下方的 PCB 线圈 3 由于电涡流效应，将引起其电感 L 的变化，进而影响 LC 振荡电路的输出频率，LDC1314 将 LC 振荡电路的输出频率转化成数字量输出，该数字量可以看成是 PCB 线圈 3 的等效电感，可以通过该数字量的变化就可以知道当前 PCB 线圈 3 上是否有机车通过，一片 LDC1314 最多可以连接 4 个 PCB 线圈 3 构成的 LC 振荡电路，即四通道，利用单片机 1 轮回查询四通道的输出数据，通过 LDC1314 输出的等效电感数据，确定机车的当前位置、运动方向及运动速度，具体实施过程如图 1 所示，从左到右在线路下部埋设 A、B、C、D 四个线圈，四个线圈分别描述四个不同的区段，用单片机 1 读取四通道数据，通过实验，事先确定有机车占用时 LDC1314 输出的数据和无机车占用时 LDC1314 输出的数据，以确定一个阈值 P，若当前读取的数据超过阈值 P，则表示该区段被机车占用，即机车处在该线圈所在区段，若当前读取的数据小于阈值，则表示当前区段未被占用，区段处于空闲状态。通过比较前后两次机车位置和前后两次机车通过 PCB 线圈 3 的时间差，即可确定机车的运动方向和运动速度。如：机车上次检测到的位置处于线圈 B，第二处检测到的位置是 C，则表示机车的运动方向是从 B 到 A，若 B、C 两个线圈之间的距离为 S，从 B 到 C 所需的时间为 T，则机车的速度为 V=S/T。

说 明 书

LDC1314 通过 I2C 总线与单片机 1 进行通信，包括 SDA 和 SCL 两条通信信号线，其中时钟信号 SCL 与 Arduino 的模拟引脚 5 相连，数据信号 SDA 与 Arduino 的模拟引脚 4 相连，INB 为中断输出引脚与 Arduino 的 INT0 引脚 2 相连，SD 与 Arduino 的 4 脚相连；CLKIN 采用外部有源晶振输入 40M 的外部时钟信号，ADDR 接地使得 LDC1314 的从机地址为 0x2a，一片 LDC1314 可接 4 个 PCB 线圈 3，可以实现三个区段的检测。

PCB 线圈 3 作为本电路的主要检测器件，其设计的好坏直接影响着检测的灵敏度和可靠性，由于 PCB 线圈 3 设计非常复杂，其各种阻抗的匹配和线圈的形状、尺寸及线圈的匝数都对检测有很大的影响，为此，为了提高设计的精度和降低设计的难度，本系统采用 TI 公司提供 WEBENCH® Designer LDC1314 在线设计软件进行设计，根据需要设定线圈的大小，线圈的匝数及线宽等参数后，系统自动设计成 PCB 文件，并对相关的阻容参数也一一列出，大大降低了设计难度。

本发明提供了一种基于 LDC1314 的机车位置检测电路，采用 Arduino 作为主控制器，LDC1314 及 4 个 PCB 线圈 3 作为传感器，传感器 PCB 线圈 3 置于钢轨下方，当机车在钢轨上通过时，由于金属电涡流效应，将引起 PCB 线圈电感的变化，单片机 1 通过 I2C 总线读取 LDC1314 相应的数据，即可确定机车的位置和轨道的占用情况，有效地避免了机械卡死现象，提高了系统检测的可靠性和准确性。

图 3 为本发明所提供的机车位置检测方法流程图，如图 3 所示，一种机车位置检测方法，包括：

步骤 301：获取第一时刻的第一线圈电感。

步骤 302：根据所述第一时刻的第一线圈电感判断是否有机车经过轨道，若是执行步骤 303，若否返回步骤 301。

说 明 书

步骤303：获取第二时刻的第二线圈电感。

步骤304：根据所述第一线圈电感以及所述第二线圈电感确定所述机车的当前位置、运动速度以及运动方向。

所述步骤304具体包括：根据所述第一线圈电感确定所述机车的第一位置；根据所述第二线圈电感确定所述机车的第二位置；将所述第一位置到所述第二位置的方向作为所述机车的运动方向；获取所述第一位置到所述第二位置的距离以及时间；根据所述距离以及所述时间确定所述运动速度；机车的当前位置由线圈区间确定，采用本发明所提供的机车位置检测方法能够确定出机车当前所在线圈区间。

软件设计主要包括对LDC1314的初始化参数配置和系统相关应用程序的设计，全部基于Arduino IDE开发，同C语言编写程序，初始化完毕后，进入检测环节，采用查询和中断相结合的方式完成检测，一旦检测到线圈电感量发生变化并超过一定阈值，则判断列车占用该区间，并根据上一个占用情况即可确定列车运动的方向、列车的速度，然后控制器根据调度指令控制相应道岔动作、信号机点灯控制等操作，完成沙盘模型列车运动控制的目的。

图4为本发明所提供的机车位置检测系统结构图，如图4所示，一种机车位置检测系统，包括：

第一线圈电感获取模块401，用于获取第一时刻的第一线圈电感。

第一判断模块402，用于根据所述第一时刻的第一线圈电感判断是否有机车经过轨道，得到第一判断结果。

第二线圈电感获取模块403，用于若所述第一判断结果表示为有机车经过轨道，获取第二时刻的第二线圈电感。

机车参数确定模块404，用于根据所述第一线圈电感以及所述第二线圈电感确定所述机车的当前位置、运动速度以及运动方向。

说 明 书

所述机车参数确定模块 404 具体包括：第一位置确定单元，用于根据所述第一线圈电感确定所述机车的第一位置；第二位置确定单元，用于根据所述第二线圈电感确定所述机车的第二位置；运动方向确定单元，用于将所述第一位置到所述第二位置的方向作为所述机车的运动方向；距离及时间获取单元，用于获取所述第一位置到所述第二位置的距离以及时间；运动速度确定单元，用于根据所述距离以及所述时间确定所述运动速度。

在实际应用中，由于一片 LDC1314 最多接 4 个 PCB 线圈 3，对整个检测电路而已，要视线路的长短来确定 PCB 线圈 3 的多少，线路长，可能需要的线圈就多，根据需要额外增加 LDC1314。

在制作 PCB 线圈时预留了钢轨的固定位置，将钢轨固定在 PCB 上，使得钢轨和 PCB 线圈 3 合二为一，如图 1 所示，由于 PCB 线圈 3 处于钢轨正下方，在钢轨正上方无任何凸起，所以机车在钢轨上运行时，不存在着机械卡死的现象，经过实际测试，采用 LDC1314 制作的机车位置检测电路，灵敏度非常高，无漏捡错检现象发生。

同时，本发明利用 Arduino 作为主控制器，LDC1314 作为传感器及转换电路，完成了一款可用于模型列车位置检测的电路，避免了在钢轨上方安装检测器件和在机车上安装标志物而出现机械卡死的现象，将检测线圈和钢轨合二为一，通过 PCB 预留孔很好地解决了钢轨的安装问题，又提高了检测的可靠性和灵敏度，值得在机车沙盘模型中应用推广。

本说明书中各个实施例采用递进的方式描述，每个实施例重点说明的都是与其他实施例的不同之处，各个实施例之间相同相似部分互相参见即可。对于实施例公开的系统而言，由于其与实施例公开的方法相对应，所以描述得比较简单，相关之处参见方法部分说明即可。

说 明 书

  本文中应用了具体个例对本发明的原理及实施方式进行了阐述，以上实施例的说明只是用于帮助理解本发明的方法及其核心思想；同时，对于本领域的一般技术人员，依据本发明的思想，在具体实施方式及应用范围上均会有改变之处。综上所述，本说明书内容不应理解为对本发明的限制。

五、说明书附图

说 明 书 附 图

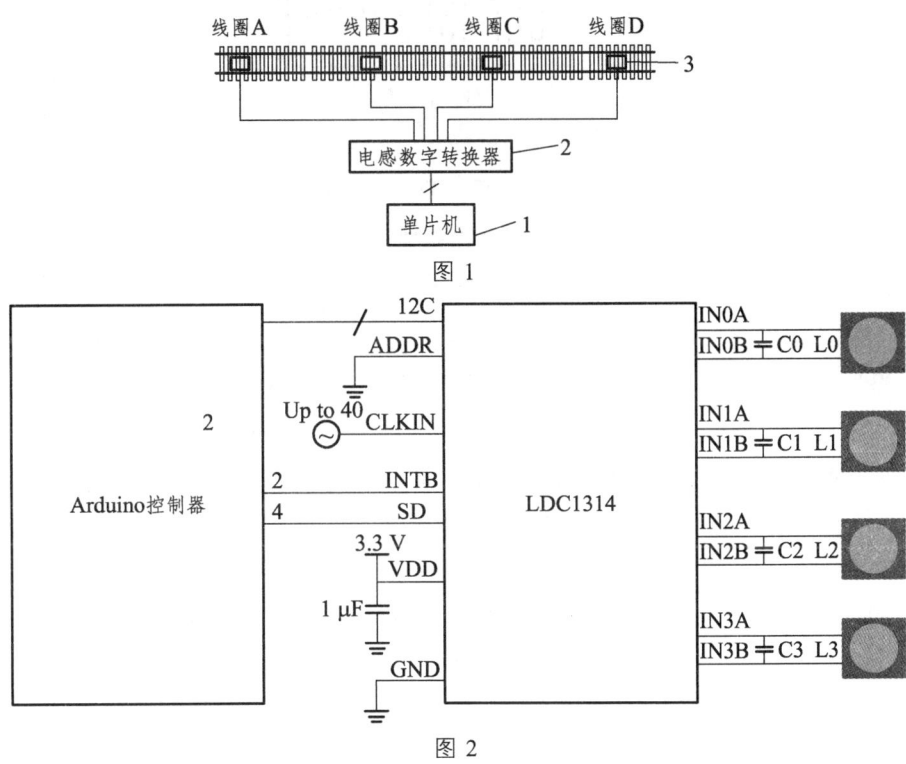

图 1

图 2

说 明 书 附 图

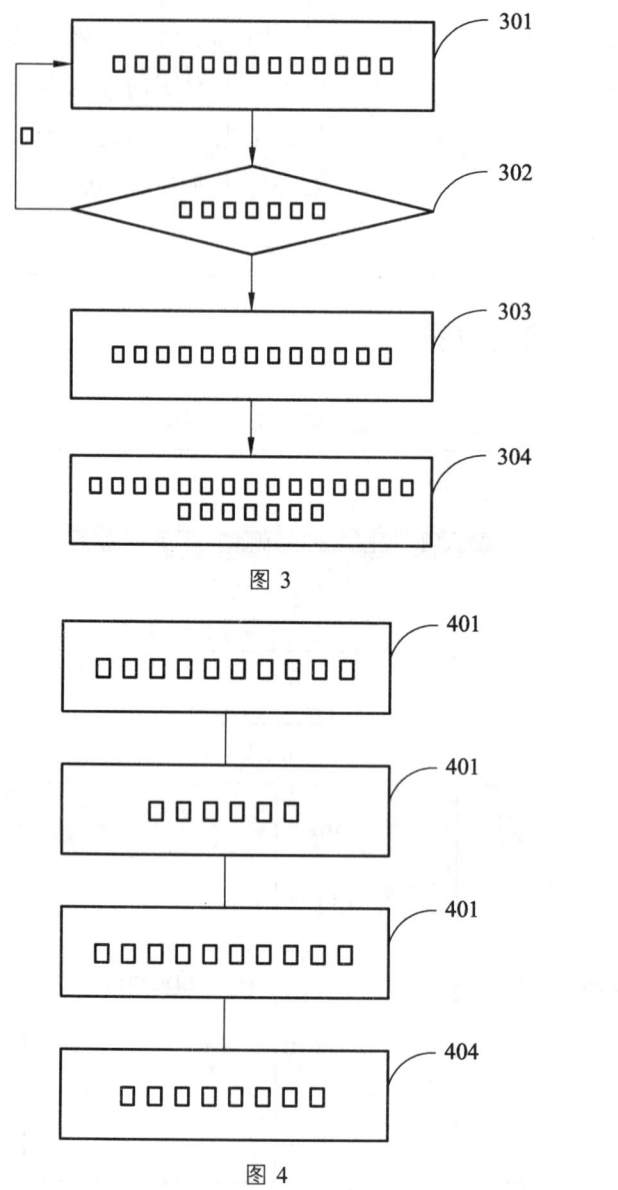

图 3

图 4

第二节 实用新型专利交底书撰写案例

一、说明书摘要

说明书摘要

本实用新型公开一种可拆卸式机床加工冷却装置,包括滑杆、滑套、伸缩机构、第一螺杆、弧形套管和冷却液喷头,本实用新型的可拆卸式机床加工冷却装置,滑杆与滑套相配合能够带动冷却液喷头沿着与滑杆平行的方向来回滑动,伸缩机构能够带着冷却液喷头上下移动,与此同时,弧形套管能够带动冷却液喷头调整冷却液的喷洒角度,滑杆、滑套的滑动方向与伸缩机构的伸缩方向相互垂直,冷却装置能够随着刀头和加工工件之间位置的转换而随时调整冷却范围,加强冷却效果。

二、摘要附图

摘要附图

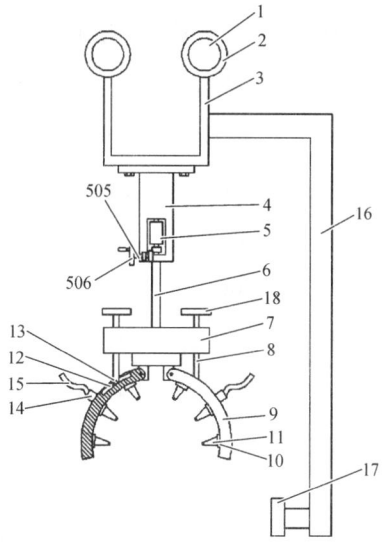

三、权利要求书

权利要求书

1. 一种可拆卸式机床加工冷却装置，其特征在于：包括滑杆、滑套、伸缩机构、第一螺杆、弧形套管和冷却液喷头，所述滑套套装于所述滑杆外部，所述滑杆与所述滑套滑动连接，所述冷却液喷头设置于所述弧形套管上，所述弧形套管能够带动所述冷却液喷头转动，所述伸缩机构连接所述滑套和所述第一螺杆，所述第一螺杆与所述弧形套管相连，所述伸缩机构和所述第一螺杆相配合能够带动所述弧形套管上下移动，所述滑杆的轴线方向与所述伸缩机构带动所述弧形套管运动的方向相垂直，所述滑杆可拆卸地固定于机床上。

2. 根据权利要求 1 所述的可拆卸式机床加工冷却装置，其特征在于：所述滑杆和所述滑套的数量为两套，所述滑套的下部设置连接架和伸缩筒，所述伸缩筒连接所述连接架和所述伸缩机构。

3. 根据权利要求 2 所述的可拆卸式机床加工冷却装置，其特征在于：所述伸缩筒设置开口槽，所述第一螺杆的一端穿过所述开口槽与所述伸缩筒螺纹连接；所述伸缩机构包括螺旋齿轮、第一齿轮、第二齿轮和转轴，所述螺旋齿轮、所述第一齿轮、所述第二齿轮和所述转轴均设置于所述开口槽内，所述螺旋齿轮与所述第一螺杆相啮合，所述螺旋齿轮和所述第一齿轮同轴安装于所述转轴上，所述第二齿轮与所述第一齿轮相啮合，所述转轴与所述伸缩筒转动连接。

4. 根据权利要求 3 所述的可拆卸式机床加工冷却装置，其特征在于：所述伸缩装置还包括连杆和手轮，所述连杆的一端与所述第二齿轮相连，所述连杆的轴线与所述第二齿轮的轴向相平行，所述连杆的另一端与所述手轮相连接。

权利要求书

5. 根据权利要求 3 所述的可拆卸式机床加工冷却装置，其特征在于：还包括调节座，所述弧形套管与所述调节座铰接，所述第一螺杆的另一端穿过所述调节座的通孔并连接有圆台件，所述圆台件与所述调节座的抵接面的直径大于所述第一螺杆穿过所述调节座上的通孔的直径。

6. 根据权利要求 5 所述的可拆卸式机床加工冷却装置，其特征在于：所述调节座还连接有第二螺杆，所述第二螺杆与所述调节座螺纹连接，所述第二螺杆上设置滑柱，所述弧形套管上设置弧形的滑槽，所述滑柱与所述滑槽滑动连接。

7. 根据权利要求 6 所述的可拆卸式机床加工冷却装置，其特征在于：所述第二螺杆穿过所述调节座的一端还设置旋钮，所述第二螺杆和所述弧形套管的数量均为两个，两套所述第二螺杆和所述弧形套管分别对称设置。

8. 根据权利要求 1 所述的可拆卸式机床加工冷却装置，其特征在于：还包括定位架，所述定位架与所述滑套相连，所述定位架上设置强力磁铁。

9. 根据权利要求 1-8 任一项所述的可拆卸式机床加工冷却装置，其特征在于：所述弧形套管上设置螺纹端口，所述螺纹端口与所述冷却液喷头螺纹连接，多个所述冷却液喷头均布并朝向所述弧形套管的圆心设置。

10. 根据权利要求 1-8 任一项所述的可拆卸式机床加工冷却装置，其特征在于：还包括冷却液输送管，所述弧形套管上设置管道连接头，所述冷却液输送管通过所述管道连接头与所述冷却液喷头相连通。

四、说明书

说明书

一种可拆卸式机床加工冷却装置

技术领域

本实用新型涉及加工机床技术领域,特别是涉及一种可拆卸式机床加工冷却装置。

背景技术

机床是指制造机器的机器,亦称工作母机或工具机,习惯上简称机床,一般分为金属切削机床、锻压机床和木工机床等。现代机械制造中加工机械零件的方法很多:除切削加工外,还有铸造、锻造、焊接、冲压、挤压等,但凡属精度要求较高和表面粗糙度要求较细的零件,一般都需在机床上用切削的方法进行最终加工,机床在国民经济现代化的建设中起着重大作用。机床加工是指用机床进行原材料的加工制作。

机床加工工件的过程中,冷却装置是必不可少的,冷却装置能够向工件加工部位喷洒切削液,冷却加工部位,切削液是在金属切削、磨加工过程中,用来冷却和润滑刀具和加工件的工业用液体,切削液具备良好的冷却性能、润滑性能、防锈性能、除油清洗功能、防腐功能、易稀释特点,切削液同时具备无毒、无味、对人体无侵蚀、对设备不腐蚀、对环境不污染等特点。

申请号为CN201520058229.0的中国专利申请,公开了一种机床加工用冷却装置,具有安装座,安装座上安装有冷却喷头组;安装座呈环形,安装座的中心设有供主轴穿行的通孔;冷却喷头组包括第一喷头组和第二喷头组;第一喷头组包括环形的第一进水管和多个等距设置在第一进水管上的可调节喷射方向的第一喷头;第二喷头组包括环形的第二进水管和多个等距设置在第二进水管上的第二喷头;安装座

说明书

的外圈设有环形挡片，第一喷头组和第二喷头组设置在环形挡片内，第二喷头均朝向环形挡片。冷却装置无法在机床上进行高度调节，冷却范围也不方便调节。

因此，如何改变现有技术中，机床冷却装置固定，冷却高度和冷却范围无法调节的现状，是本领域技术人员亟待解决的问题。

实用新型内容

本实用新型的目的是提供一种可拆卸式机床加工冷却装置，以解决上述现有技术存在的问题，使机床加工过程中，冷却装置的冷却高度和冷却范围能够调节，加强冷却效果。

为实现上述目的，本实用新型提供了如下方案：本实用新型提供一种可拆卸式机床加工冷却装置，包括滑杆、滑套、伸缩机构、第一螺杆、弧形套管和冷却液喷头，所述滑套套装于所述滑杆外部，所述滑杆与所述滑套滑动连接，所述冷却液喷头设置于所述弧形套管上，所述弧形套管能够带动所述冷却液喷头转动，所述伸缩机构连接所述滑套和所述第一螺杆，所述第一螺杆与所述弧形套管相连，所述伸缩机构和所述第一螺杆相配合能够带动所述弧形套管上下移动，所述滑杆的轴线方向与所述伸缩机构带动所述弧形套管运动的方向相垂直，所述滑杆可拆卸地固定于机床上。

优选地，所述滑杆和所述滑套的数量为两套，所述滑套的下部设置连接架和伸缩筒，所述伸缩筒连接所述连接架和所述伸缩机构。

优选地，所述伸缩筒设置开口槽，所述第一螺杆的一端穿过所述开口槽与所述伸缩筒螺纹连接；所述伸缩机构包括螺旋齿轮、第一齿轮、第二齿轮和转轴，所述螺旋齿轮、所述第一齿轮、所述第二齿轮和所述转轴均设置于所述开口槽内，所述螺旋齿轮与所述第一螺杆相啮合，所述螺旋齿轮和所述第一齿轮同轴安装于所述转轴上，所述第二齿轮与所述第一齿轮相啮合，所述转轴与所述伸缩筒转动连接。

说明书

　　优选地，所述伸缩装置还包括连杆和手轮，所述连杆的一端与所述第二齿轮相连，所述连杆的轴线与所述第二齿轮的轴向相平行，所述连杆的另一端与所述手轮相连接。

　　优选地，可拆卸式机床加工冷却装置还包括调节座，所述弧形套管与所述调节座铰接，所述第一螺杆的另一端穿过所述调节座的通孔并连接有圆台件，所述圆台件与所述调节座的抵接面的直径大于所述第一螺杆穿过所述调节座上的通孔的直径。

　　优选地，所述调节座还连接有第二螺杆，所述第二螺杆与所述调节座螺纹连接，所述第二螺杆上设置滑柱，所述弧形套管上设置弧形的滑槽，所述滑柱与所述滑槽滑动连接。

　　优选地，所述第二螺杆穿过所述调节座的一端还设置旋钮，所述第二螺杆和所述弧形套管的数量均为两个，两套所述第二螺杆和所述弧形套管分别对称设置。

　　优选地，可拆卸式机床加工冷却装置还包括定位架，所述定位架与所述滑套相连，所述定位架上设置强力磁铁。

　　优选地，所述弧形套管上设置螺纹端口，所述螺纹端口与所述冷却液喷头螺纹连接，多个所述冷却液喷头均布并朝向所述弧形套管的圆心设置。

　　优选地，可拆卸式机床加工冷却装置还包括冷却液输送管，所述弧形套管上设置管道连接头，所述冷却液输送管通过所述管道连接头与所述冷却液喷头相连通。

　　本实用新型相对于现有技术取得了以下技术效果：本实用新型的可拆卸式机床加工冷却装置，包括滑杆、滑套、伸缩机构、第一螺杆、弧形套管和冷却液喷头，滑套套装于滑杆外部，滑杆与滑套滑动连接，冷却液喷头设置于弧形套管上，弧形套管能够带动冷却液喷头转动，伸缩机构连接滑套和第一螺杆，第一螺杆与弧形套管相连，伸缩机构

说明书

和第一螺杆相配合能够带动弧形套管上下移动，滑杆的轴线方向与伸缩机构带动弧形套管运动的方向相垂直，滑杆可拆卸地固定于机床上。本实用新型的可拆卸式机床加工冷却装置，滑杆与滑套相配合能够带动冷却液喷头沿着与滑杆平行的方向来回滑动，伸缩机构能够带着冷却液喷头上下移动，与此同时，弧形套管能够带动冷却液喷头调整冷却液的喷洒角度，滑杆、滑套的滑动方向与伸缩机构的伸缩方向相互垂直，冷却装置能够随着刀头和加工工件之间位置的转换而随时调整冷却范围，加强冷却效果。

附图说明

为了更清楚地说明本实用新型实施例或现有技术中的技术方案，下面将对实施例中所需要使用的附图作简单地介绍，显而易见地，下面描述中的附图仅仅是本实用新型的一些实施例，对于本领域普通技术人员来讲，在不付出创造性劳动性的前提下，还可以根据这些附图获得其他的附图。

图1为本实用新型的可拆卸式机床加工冷却装置的整体结构示意图；

图2为本实用新型的可拆卸式机床加工冷却装置的伸缩筒、伸缩机构和第一螺杆的结构示意图；

其中，1为滑杆，2为滑套，3为连接架，4为伸缩筒，401为开口槽，5为伸缩机构，501为螺旋齿轮，502为第一齿轮，503为第二齿轮，504为转轴，505为连杆，506为手轮，6为第一螺杆，601为圆台件，7为调节座，8为第二螺杆，9为弧形套管，10为螺纹端口，11为冷却液喷头，12为滑槽，13为滑柱，14为管道连接头，15为冷却液输送管，16为定位架，17为强力磁铁，18为旋钮。

具体实施方式

下面将结合本实用新型实施例中的附图，对本实用新型实施例中

说明书

的技术方案进行清楚、完整地描述，显然，所描述的实施例仅仅是本实用新型一部分实施例，而不是全部的实施例。基于本实用新型中的实施例，本领域普通技术人员在没有做出创造性劳动前提下所获得的所有其他实施例，都属于本实用新型保护的范围。

本实用新型的目的是提供一种可拆卸式机床加工冷却装置，以解决上述现有技术存在的问题，使机床加工过程中，冷却装置的冷却高度和冷却范围能够调节，加强冷却效果。

为使本实用新型的上述目的、特征和优点能够更加明显易懂，下面结合附图和具体实施方式对本实用新型作进一步详细的说明。

请参考图1和图2，其中，图1为本实用新型的可拆卸式机床加工冷却装置的整体结构示意图，图2为本实用新型的可拆卸式机床加工冷却装置的伸缩筒、伸缩机构和第一螺杆的结构示意图。

本实用新型提供一种可拆卸式机床加工冷却装置，包括滑杆1、滑套2、伸缩机构5、第一螺杆6、弧形套管9和冷却液喷头11，滑套2套装于滑杆1外部，滑杆1与滑套2滑动连接，冷却液喷头11设置于弧形套管9上，弧形套管9能够带动冷却液喷头11转动，伸缩机构5连接滑套2和第一螺杆6，第一螺杆6与弧形套管9相连，伸缩机构5和第一螺杆6相配合能够带动弧形套管9上下移动，滑杆1的轴线方向与伸缩机构5带动弧形套管9运动的方向相垂直，滑杆1可拆卸地固定于机床上。

机床加工工件时，滑杆1和滑套2相互配合，能够带动冷却液喷头11沿着与滑杆1轴线方向来回运动，同时，伸缩机构5能够带动冷却液喷头11上下运动，与滑杆1轴线方向相垂直，弧形套管9还能够带动冷却液喷头11转动角度，用于调整冷却液喷洒范围，这样冷却装置能够在刀头加工工件过程中，随时调整冷却液喷洒方位和喷洒范围，大大提高了冷却装置应用的灵活性，增强了冷却效果。

说明书

其中，滑杆1和滑套2的数量为两套，两个滑杆1平行设置，避免出现滑动路线发生偏移的情况，滑套2的下部设置连接架3和伸缩筒4，连接架3将两个滑套2连接在一起，保证滑动动作的统一性，连接架3为伸缩筒4提供了安装空间，伸缩筒4连接连接架3和伸缩机构5。

具体地，伸缩筒4设置开口槽401，第一螺杆6的一端穿过开口槽401与伸缩筒4螺纹连接；伸缩机构5包括螺旋齿轮501、第一齿轮502、第二齿轮503和转轴504，螺旋齿轮501、第一齿轮502、第二齿轮503和转轴504均设置于开口槽401内，螺旋齿轮501与第一螺杆6相啮合，螺旋齿轮501和第一齿轮502同轴安装于转轴504上，第二齿轮503与第一齿轮502相啮合，转轴504与伸缩筒4转动连接。第一螺杆6与伸缩筒4螺纹连接，螺旋齿轮501与第一螺杆6相啮合，转动螺旋齿轮501即可令第一螺杆6转动，第一螺杆6旋进伸缩筒4内的长度变化，从而实现带动弧形套管9上下运动的目的；螺旋齿轮501与第一齿轮502同轴设置，第二齿轮503和第一齿轮502相啮合，第一齿轮502和第二齿轮503为锥齿轮，只需转动第二齿轮503即可传递相交轴线的运动，驱动螺旋齿轮501转动，螺旋齿轮501带动与之啮合的第一螺杆6转动，第一螺杆6旋进伸缩筒4的长度发生改变。

为了使操作者更方便地调节第一螺杆6带动弧形套管9上下运动，伸缩装置还包括连杆505和手轮506，连杆505的一端与第二齿轮503相连，连杆505的轴线与第二齿轮503的轴向相平行，连杆505的另一端与手轮506相连接，转动手轮506即可带动第二齿轮503转动，进而达到调节第二螺杆8的目的。

更具体地，可拆卸式机床加工冷却装置还包括调节座7，弧形套管9与调节座7铰接，弧形套管9能够绕调节座7转动，进而达到调节冷却液喷头11喷洒角度的目的。第一螺杆6的另一端穿过调节座7的通

说明书

孔并连接有圆台件601,圆台件601与调节座7的抵接面的直径大于第一螺杆6穿过调节座7上的通孔的直径,在第一螺杆6转动以调节弧形套管9的高度的过程中,为了避免引起调节座7晃动,第一螺杆6的另一端采用光杆的形式与调节座7转动连接,第一螺杆6的光杆一端伸入调节座7的通孔并用圆台件601卡住,避免第一螺杆6脱出,第一螺杆6通过带动调节座7上下运动达到调节弧形套管9高度的目的。

另外,调节座7还连接有第二螺杆8,第二螺杆8与调节座7螺纹连接,第二螺杆8上设置滑柱13,弧形套管9上设置弧形的滑槽12,滑柱13与滑槽12滑动连接。转动第二螺杆8,第二螺杆8上下移动,进而带动固定在第二螺杆8上的滑柱13上下移动,滑柱13可滑动地设置于滑槽12内,滑动上下运动与滑槽12相配合带动弧形套管9绕调节座7转动。

为了方便地转动第二螺杆8,在第二螺杆8穿过调节座7的一端设置旋钮18,第二螺杆8和弧形套管9的数量均为两个,两套第二螺杆8和弧形套管9分别对称设置。两个弧形套管9对称设置,弧形套管9上的冷却液喷头11呈圆周状均布,弧形套管9绕调节座7转动时,冷却液喷头11围成的圆周的直径发生变化,即冷却液喷头11的喷洒角度发生转化,便于冷却液喷头11随着刀头加工工件部位的转换而随时调整喷洒角度,增强冷却效果。

进一步地,可拆卸式机床加工冷却装置还包括定位架16,定位架16与滑套2相连,在本具体实施方式中,定位架16与连接架3相连,定位架16上设置强力磁铁17,机床加工过程中,定位架16上的强力磁铁17固定在机床上,令冷却装置随着刀头的运动而运动,增强冷却装置的灵活性。

说明书

更进一步地，弧形套管 9 上设置螺纹端口 10，螺纹端口 10 与冷却液喷头 11 螺纹连接，多个冷却液喷头 11 均布并朝向弧形套管 9 的圆心设置，冷却液喷头 11 与弧形套管 9 螺纹连接，拆装方便。

其中，可拆卸式机床加工冷却装置还包括冷却液输送管 15，冷却液输送管 15 与冷却液储存装置相连通，弧形套管 9 上设置管道连接头 14，冷却液输送管 15 通过管道连接头 14 与冷却液喷头 11 相连通。

本实用新型的可拆卸式机床加工冷却装置，通过调节手轮 506，使齿轮二带动齿轮一转动，螺旋齿轮 501 带动第一螺杆 6 进行转动使第一螺杆 6 在伸缩筒 4 中进行上下伸缩调节，便于调节冷却液喷射高度，通过旋转旋钮 18，使第二螺杆 8 上下旋转运动，滑柱 13 在滑槽 12 中进行滑动，使弧形套管 9 的张开角度可进行调节，使冷却液喷头 11 正对工件刀头加工部位，冷却液喷洒到加工部位，通过强力磁铁 17 将冷却装置固定机架上，使冷却装置随着刀头的运动而运动，滑套 2 在滑杆 1 上进行滑动，使冷却装置进行实时冷却。

本实用新型中应用了具体个例对本实用新型的原理及实施方式进行了阐述，以上实施例的说明只是用于帮助理解本实用新型的方法及其核心思想；同时，对于本领域的一般技术人员，依据本实用新型的思想，在具体实施方式及应用范围上均会有改变之处。综上所述，本说明书内容不应理解为对本实用新型的限制。

五、说明书附图

说明书附图

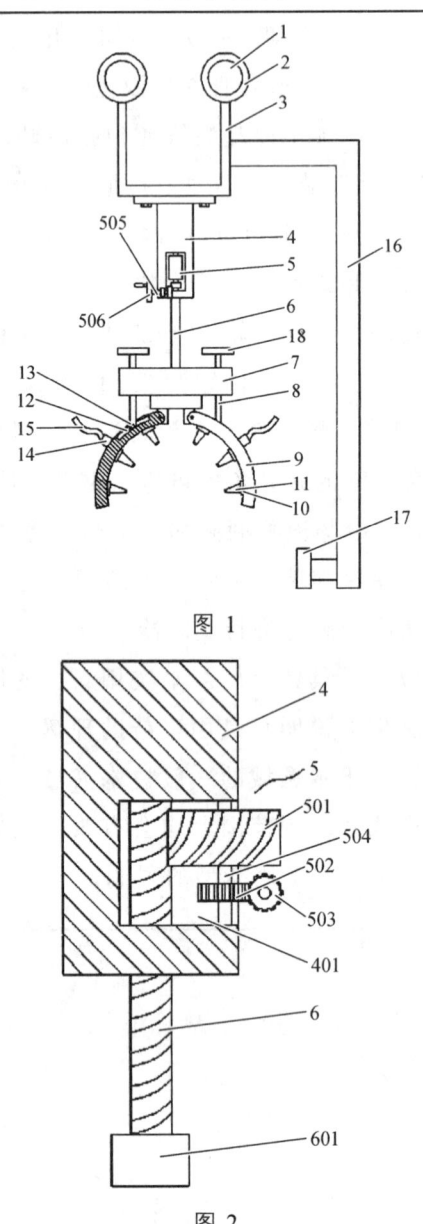

图 1

图 2

第三节　外观专利申请文件撰写

外观专利申请文件撰写相对比较简单，包含三部分内容：专利申请书、外观设计图片或照片、简要说明。只要将产品的六个基本视图、立体图或照片按规定位置放置，并写出简单的产品说明即可。对于没有表达要点的图可以省略，但需在简要说明里注明。具体要求在专利局给定的表格里面均有详细的说明。

如果需要保护色彩，则需要彩色图片，且需要注明。

一、电水壶

（一）外观设计图片或照片

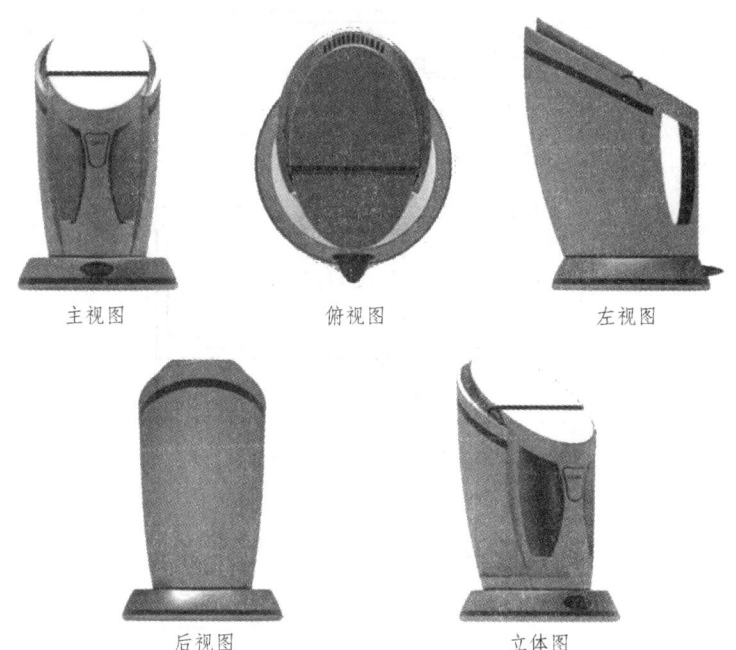

主视图　　　　俯视图　　　　左视图

后视图　　　　立体图

（二）简要说明

（1）本外观设计产品的名称：电水壶。

（2）本外观设计产品的用途：煮水。

（3）本外观设计的设计要点：电水壶的整体形状。

（4）最能表明设计要点的图片或者照片：立体图。

（5）左视图与右视图对称，省略右视图。

（6）仰视图没有设计要点需表达，省略仰视图。

二、蒸汽火车头垃圾桶

（一）外观设计图片或照片

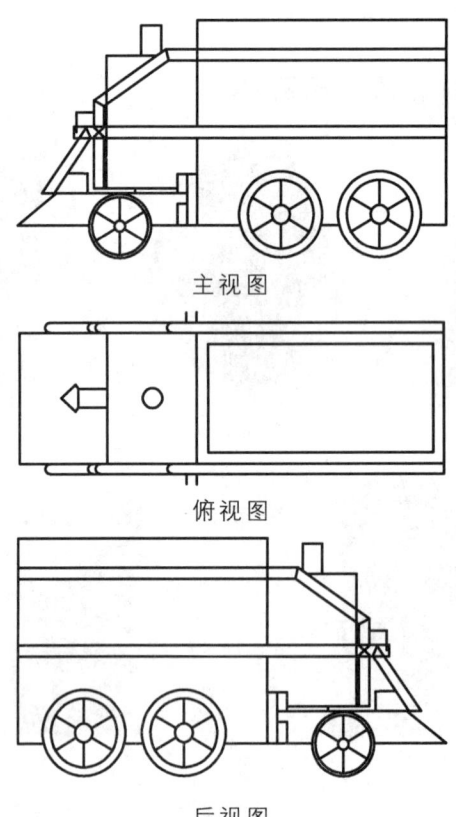

主视图

俯视图

后视图

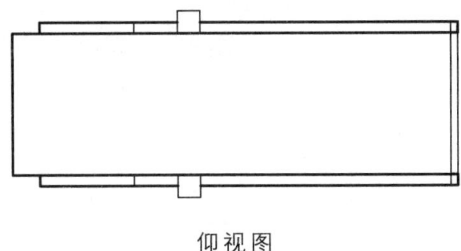

仰视图

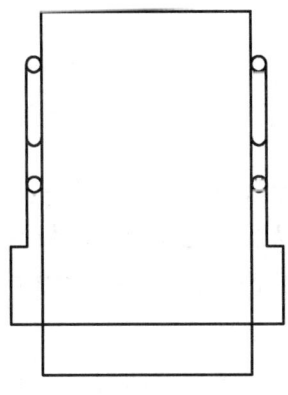

左视图

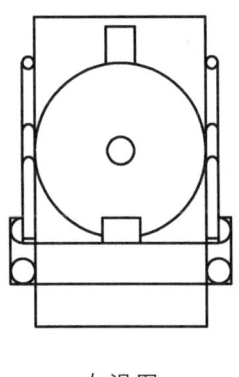

右视图

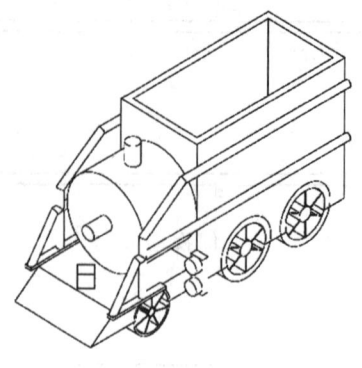

立体图

（二）简要说明

（1）本外观设计产品的名称：蒸汽火车头式分类垃圾桶。

（2）本外观设计产品的用途：储存垃圾。

（3）本外观设计产品的设计要点：形状、图案、形状和图案的结合，以及左侧突出部位。

（4）最能表明本外观设计要点的图片或照片：立体图。

第六章

软件著作权申请

第一节 软件著作权申请材料

软件著作权登记申请文件应当包括：软件著作权登记申请表、软件的鉴别材料、申请人身份证明、联系人身份证明和相关的证明文件各一式一份。在登记大厅现场办理的，还需出示办理人身份证明原件，否则将不予办理。

一、著作权申请表

应提交在线填写的申请表打印件，请勿复制、下载和擅自更改表格格式，签章应为原件。

软件全称		
软件简称		
分类号		
版本号		
软件作品说明	□修改（含翻译软件、合成软件）	□原创
		□是修改、翻译或合成别人软件，且需原权利人授权的 （修改合成或翻译说明：　　　）
		□原有软件已经登记 （原登记号：　　　）

续表

开发完成日期	年　　月　　日		
发表状态	□已发表　　□未发表		
已发表信息	首次发表日期	年　　月　　日	
	首次发表地点	国家：　　　　城市：	
开发方式	□独立开发　　□合作开发　　□委托开发　　□下达任务开发		
权利取得方式	□原始取得		
	□受让取得 □承受取得 □继承取得	□软件已登记（原登记号：　　　　　） □原登记已做过变更或补充（变更或补充证明书编号：　　　　　）	
权利范围	□全部		
	□部分：□发表权　□署名权　□修改权　□复制权　□发行权　□出租权　□信息网络传播权　□翻译权　□应当由著作权人享有的其他权利		
硬件环境			
软件环境			
编程语言			
源程序量			
主要功能和技术特点			
著作权人信息	姓名/单位名称		
	类别	□企业法人　　□机关法人 □事业单位法人　□机关团体法人	
	国籍	中国	
	省份		
	城市		

续表

著作权人信息	证件号码	
	所属园区	☐西安软件园 ☐上海浦东软件园 ☐杭州软件园 ☐江苏软件园 ☐其他软件园
	详细地址	
	邮政编码	
	联系人	
	电话号码	
	E-mail	
	手机号码	
	传真号码	
软件鉴别材料	☐一般交存	☐一种文档 ☐多种文档,种类为:
	☐例外交存	☐使用黑色宽斜线覆盖,页码为:第20-50页 ☐前10页和任选连续的50页 ☐目标程序的连续的前、后各30页和源程序任选连续的20页

填表说明

1. 软件基本信息:

(1) 软件名称。

a. 全称:申请著作权登记的软件的全称。名称要言简意赅、目的明确,与申请所有文件中描述要保持一致。

b. 简称,是对申请软件的缩写,没有简称可以不填此栏,不能与软件全称完全一样。

c. 分类号:按照分类代码选择填写;

d. 版本号：申请登记软件的版本号，可以写 V1.0 或 1.0 这两种模式，但是以申请表填报的为准。

（2）软件作品说明。

有"原创"和"修改"两种选择。如果申请的软件是首次开发完成，则选择"原创"，如果是软件升级、软件翻译或软件合成，则选择"修改"，填写修改说明，同时应填写原登记号并提交原证书复印件，修改他人软件的，需选择"修改软件须经原权利人授权"并提交授权书。

（3）开发完成日期：填写开发完成软件的日期。

（4）发表状态：填写著作权人首次将该软件公之于众的日期。

a. 软件已发表的，请选择已发表选项，并填写首次发表日期和首次发表地点所在的国家或城市；

b. 软件未发表的，请选择未发表选项。

（5）开发方式：原始取得著作权的情况，选择填写表中提供的方式之一：

a. 单独开发：依靠自身的条件自行开发完成的软件。

b. 合作开发：两人或两人以上依据合作协议共同开发完成的软件。

需要提供的证明文件：证明申请人享有权利合作开发协议。

c. 委托开发：委托人与被委托人之间依据委托协议开发完成的软件。

需要提供的证明文件：证明申请人享有著作权的委托协议。

d. 下达任务开发：根据国家机关下达的项目任务书开发完成的软件。

需要提供的证明文件：证明申请人享有著作权的项目任务书。

2. 著作权人

（1）姓名或名称：选择填写著作权人的类别、证件类型和号码、国籍、所属省份城市和园区；

（2）类别：其中包括自然人、法人、其他组织或其他；

a. 著作权人是自然人的，应填写真实姓名，需要提交的证明文件正反面复印件包括身份证、军官证、护照或其他身份证明；

b. 著作权人是法人的，应填写名称、类别、国籍、省份、城市和园区；

企业法人，指获得法人资格的企业。需提交的文件为企业法人营业执照副本复印件；

机关法人，指获得法人资格的国家机关。需提交的文件为组织机构代码证书；

事业单位法人，指获得法人资格的事业单位。需提交的文件为事业单位法人证书副本复印件；

社会团体法人，指获得法人资格的社会团体。需提交的文件为社团法人证书、组织机构代码证书；

c. 其他组织：其他组织是指经登记并领取营业执照或社会团体登记证，但不具有法人资格的组织、法人的分支机构，需提交的文件为营业执照或社会团体登记证，以及《上级法人单位证明》。

d. 其他：是指不属于以上三类的著作权人。如，部队或部队的科研院所，若其无任何身份证明文件，可不提交。

（3）证件类型。

证件类型填写应与所提交身份证明文件一致。

（4）证件号码。

如果是法人或其他组织的需填写身份证明文件中的注册号。

（5）国籍、省份/城市、园区。

国籍、省份/城市填写应与身份证明文件中的相关内容一致，没有园区的可以不填。

3. 权利说明

（1）权利取得方式：选择著作权人取得权利的方式，包括原始取得和继受取得。

软件著作权是通过继受取得的，从下列方式之一中选择填写：

a. 转让，是指软件著作权人将全部或部分权利有偿或无偿地转让给他人所有的法律行为，需要提供的证明文件为软件著作权转让合同；

b. 继承，指根据继承法继承人继承被继承人的著作权中财产权利，需要提供的证明文件是被继承人的死亡证明、被继承人有效遗嘱、与被继承人的关系证明、继承人身份证明、法院的法律文书等证明文件；

c. 承受：是指享有著作权的法人或其他组织发生变更、终止后，由承受其权利义务的法人或其他组织享有著作权。需要提交有关企业变更（合并或分立）、终止的股东会或董事会决议、企业合并协议、清算报告、企业注销证明等相关证明文件；

该申请软件若是已作过著作权登记的，需填写原登记号；原登记事项作过变更或补充登记的，需填写变更或补充证明编号。

（2）权利范围：选择著作权人享有权利的范围包括下述情况之一：

a. 全部权利：指《计算机软件保护条例》第8条规定的所有权利；

b. 部分权利：指《计算机软件保护条例》第8条规定的一项或者多项权利，并需要注明具体的权项。

4. 软件鉴别材料

提供以下选择：

（1）一般交存：源程序的连续的前30页和连续的后30页；

提交一种文档的连续的前30页和连续的后30页，申请人可以选择提交一种以上的文档，每增加一种文档，缴纳80元的费用；

（2）例外交存（专门的服务项目，另行收费。可根据实际情况选择其一）

例外交存的选择下列方式之一：

a. 提交源程序的前、后30页使用黑色宽斜线覆盖百分之五十（由登记机构实施）；

b. 提交源程序的前10页和任选连续的50页；

c. 提交目标程序的前、后30页和源程序任选连续的20页（三种方式中选择其一）；

5．软件功能和技术特点（只供软件首次登记填写）

a．硬件环境：指开发和运行登记软件的计算机硬件和专用设备；

b．软件环境：指开发和运行登记软件的操作系统、支持软件的名称及版本号；

c．编程语言：指编写登记软件的编程语言，如：VC 6.0，VB 6.0；

d．源程序量（条数）：指登记软件的源程序的总行数或者总条数；

e．主要功能和技术特点：申请人或代理人在填写申请表中的"主要功能和技术特点"事项时，应严格按照要求填写，着重描述该软件的各项主要功能，并简述其特点。说明字数限于500字之内。

6．申请办理方式

根据实际情况选择著作权人申请或代理人申请。

7．申请人信息

申请人是法人和其他组织的，填写单位全称、地址、电话、邮政编码、传真号、E-mail，并指定专人作为联系人。

申请人是个人的，应写出姓名、地址、联系人（可以不是申请人）、电话、邮政编码、传真号、E-mail。

8．代理人信息

a．授权委托：申请人委托代理的，在此栏填写委托代理范围和权限，以及代理授权期限；

b．代理人详细信息：

应填写代理人的单位全称（或个人的姓名）、地址、电话、邮政编码、传真号、E-mail，代理机构应指定一名专人作为联系人。

注释1：外地的软件登记申请人或代理人如需自取证书，应当在申请表中申请人或代理人信息栏内的联系人后加注括号，写明联系人的北京联系地址，我中心将不做邮寄处理。

注释2：申请人或代理人信息栏内的详细地址，请务必填写准确的实际联系地址，以便我中心邮寄证书或其他书面邮件。

注释 3：申请人在填写申请表时应提供真实、准确的邮箱地址。我中心办理登记过程中的各类通知（如，补正通知书等）将主要以电子邮件方式通知申请人。

9. 申请人签章

申请人应认真阅读并承诺所保证条文；

申请人为个人的签名或者加盖个人名章；申请人为单位的请加盖公章，签章影印无效。

10. 申请表提交期限

申请表自填报完成之日起 6 个月内未向登记机构提交相关申请材料的，系统将自动删除相关数据。请申请人及时进行登记申请。

二、有关证明文件

（一）一般证明文件

证明文件包括：申请人、代理人及联系人的身份证明文件、权利归属证明文件等。

1. 代理人身份证明文件

登记申请委托代理的，应当提交代理人的身份证明文件复印件，申请表中应当明确委托事项、委托权限范围、委托期限等内容。

2. 申请人有效身份证明文件（单位的需盖公章）

- 企业法人单位提交有效的企业法人营业执照副本的复印件。
- 事业法人单位提交有效的事业单位法人证书副本的复印件。
- 社团法人单位提交民政部门出具的有效的社团法人证书的复印件。

- 其他组织提交工商管理机关或民政部门出具的证明文件复印件。
- 著作权人为自然人的，应提交有效的自然人身份证复印件（正反面复印）。
- 著作权人为外国自然人的，应提交护照复印件，及护照复印件的中文译本，并需翻译者签章。
- 著作权人为香港企业法人的，应提交注册登记证书和有效期内的商业登记证书正本复印件，并需经中国司法部委托的香港律师公证。
- 著作权人为台湾企业法人的，需出示经台湾法院或公证机构认证的法人身份证明文件，填写并提交《台湾法人证明》。
- 著作权人为外国法人及其他组织的，应提交申请人依法登记并具有法人资格的法律证明文件，该证明文件须经过中国驻当地领事馆的认证或经当地公证机构公证方为有效。申请时需提交公证或认证的证明文件原件。目前国外法人因所在国家或地区不同，其提交的法人身份证明文件内容和格式会有所不同，但文件中的基本信息项应至少包括：（1）法人名称；（2）注册日期；（3）注册地；（4）注册证明编号；（5）证明文件的有效期等基本信息。

以上身份证明文件以及与登记有关的其它证明文件（例如：合同或协议等证明）是外文的，须一并提交经有翻译资质的单位翻译并加其公章的中文译本原件。

3. 联系人证明文件

申请人自行办理的，需提交联系人身份证明（身份证、护照、军官证等）复印件；委托代理人办理的，需提交联系人（申请联系人和代理联系人）身份证明复印件。

4. 权利归属的证明文件

- 委托开发的，应当提交委托开发合同；
- 合作开发的，应当提交合作开发合同；
- 下达任务开发的，应当提交上级部门的下达任务书。

（二）其他证明文件

修改他人软件应当授权许可的，应当提交授权书。

受让取得软件著作权的，应当提交软件著作权转让协议。

享有著作权的法人或其他组织发生变更、终止后，由承受其权利义务的法人或其他组织享有著作权。登记时，需要提交有关企业变更（合并或分立）、终止的股东会或董事会决议、企业合并协议、清算报告、企业注销证明等相关证明文件。

继承人继承的，需要提供的证明文件包括：被继承人的死亡证明、被继承人有效遗嘱、与被继承人的关系证明、继承人身份证明、法院的法律文书等。

如已登记软件的著作权发生继受，权利继受方办理著作权登记时需做著作权登记概况查询，查询结果是办理登记申请的文件之一，并交回原登记证书。

注释：申请文件应当使用A4纸张、纵向、单面打印，文字应当从左向右排列。文档和源程序需黑白打印。申请文件各部分应当分别用数字顺序在右上角标注页码。所有登记材料中出现的版本号，应与申请表中保持完全一致。

特别提示：登记证书中的软件版本号以申请表中填报的为准，申请人提交的鉴别材料的页眉的软件版本号应与申请表中符合一致，但有无V以申请表中为准。

三、著作权的鉴别材料

（1）一般交存：源程序和文档应提交前、后各连续30页，不足60页的，应当全部提交；

（2）例外交存：请按照《计算机软件著作权登记办法》第十二条规定的方式之一提交软件的鉴别材料。

注：申请人若在源程序和文档页眉上标注了所申请软件的名称和

版本号，应当与申请表中相应内容完全一致，右上角应标注页码，源程序每页不少于 50 行，最后一页应是程序的结束页，文档每页不少于 30 行，有图除外。

第二节　软件著作权登记流程

一、办理流程

填写申请表→提交申请文件→登记机构受理申请→审查→取得登记证书

二、填写申请表

在中国版权保护中心网站（https://www.ccopyright.com.cn/）上，首先进行用户注册，然后用户登陆，在线按要求填写申请表后，确认、提交并在线打印。

三、提交申请文件

申请人或代理人按照要求提交纸质登记申请文件。

四、登记机构受理申请

申请文件符合受理要求的，登记机构在规定的期限内予以受理，并向申请人或代理人发出受理通知书；不符合受理要求的，发放补正通知书。《计算机软件登记办法》规定，申请文件存在缺陷的，申请人或代理人应根据补正通知书要求，在 30 个工作日内提交补正材料，逾期未补正的，视为撤回申请；符合《计算机软件著作权登记办法》第二十一条有关规定的，登记机构将不予登记并书面通知申请人或代理人。

五、审查

经审查符合《计算机软件保护条例》和《计算机软件著作权登记办法》规定的，予以登记；不符合规定的，发放补正通知书。根据《计算机软件登记办法》规定，申请文件存在缺陷的，申请人或代理人应根据补正通知书要求，在30个工作日内提交补正材料，逾期未补正的，视为撤回申请；符合《计算机软件著作权登记办法》第二十一条有关规定的，登记机构将不予登记并书面通知申请人或代理人。

六、获得登记证书

申请受理之日起30个工作日后，申请人或代理人可登录中国版权保护中心网站，查阅软件著作权登记公告。北京地区的申请人或代理人在查阅到所申请软件的登记公告后，可持受理通知书原件在该软件登记公告发布3个工作日后，到我中心版权登记大厅领取证书。申请人或代理人的联系地址是外地的，我中心将按照申请表中所填写的地址邮寄证书，请务必在申请表中填写正确的联系地址。

第三节 软件著作权申请范例

一、申请表[①]

受理号：_____ 受理签字：_____

登记号：_____ 审查签字：_____

流水号 2019R11L660446

计算机软件著作权登记申请表

软件基本信息	软件全程	铁路灯丝继电器检修系统	版本号	V1.0
	软件简称	灯丝继电器检修	分类号	30211-5100
	软件作品说明	⊙原创　○修改（含翻译软件、合成软件） □ 修改软件须经原权利人授权 □ 原有软件已经登记 • 原登记号： • 修改（翻译或合成）软件作品说明：		
	开发完成日期	2019 年 05 月 14 日		
	发表状态	○已开发　⊙未发表		
	开发方式	○独立开发　⊙合作开发　○委托开发 ○下达任务开发		

著作权人	姓名或名称	类别	证件类型	证件号码	国籍	省份/城市	园区
		自然人	居民身份证		中国	广西柳州	其他园区
		自然人	居民身份证		中国	广西柳州	其他园区

[①] http://apply.ccopyright.com.cn/auditflow/showdetail.do?flownumber=2019R11L66044...2019/5/16

权利说明	权利取得方式	⊙原始取得 ○继受取得（□受让　□承受　□继承） ____该软件已登记（原登记号：_____） □原登记做过变更或补充（变更或补充证明编号：_____）
	权利范围	⊙全部 ○部分（□发表权　□署名权　□修改权　□复制权　□发行权　□出租权　□信息网络传播权　□翻译权　□应当由著作权人享有的其他权利）
软件鉴别材料	⊙一般交存	提交源程序前连续的30页和后连续的30页； 提交任何一种文档的前连续的30页和后连续的30页； ⊙一种文档　○____种文档
	○例外交存	○使用黑白宽斜线覆盖，页码为： ○前10页和任选连续的50页； ○目标程序的连续的前、后各30页和源程序任选连续的20页
软件功能和技术特点	硬件环境	主机终端：计算机1台
	软件环境	兼容Windows的软件或是操作系统、Visual Basic 6.0软件
	编程语言	VB 6.0　　　　源程序量　　　401
	主要功能和技术特点	信号机点灯电路中用于监督信号机是否灭灯的灯丝继电器，用于信号机灯丝主副灯丝转换的灯丝转换继电器。目前对于灯丝继电器的测试，只能通过外接测试电路连线完成，一是造成部分参数无法测试，二是工作效率低，三是造成安全隐患（如不小心造成器材损坏，容易造成触电事故），既不安全也不能保证测试的精度，工作效率更低。而且进行检修时，以手工方式记录检修的数据结果，工作量非常大，容易出现差错；而且大部分的数据记录还停留在纸质保存上，很难进行准确分类、快速检索，在查询时速度较慢、效率低；管理上力不从心，浪费人力、物力和财力，时间一久，很容易出现错误，更容易造成数据的丢失。为了提高维护水平，提高检修人员工作效率，提高管理科学化的需要，对原有的测试台进行分析和改进，开发铁路灯丝继电器检修系统

流水号: 2019R11L660446

	申请办理方式	⊙由著作权人申请　　〇由代理人申请		
申请人信息	姓名或名称		电话	
	详细地址		邮编	
	联系人		手机	
	E-mail		传真	
代理人信息	申请人委托下述代理人办理登记事宜，具体委托事项如下：			
	姓名或名称		电话	
	详细地址		邮编	
	联系人		手机	
	E-mail		传真	
	申请人认真阅读了填表说明，准确理解了所需填写的内容，保证所填写的内容真实。			
			申请人签章： 2019年05月16日	

证书份数	1份正本　1份副本
请确认所需要的计算机软件著作权登记证书副本份数。登记证书正本和副本数量之和不能超过软件著作权人的数量	
提交申请材料清单	
申请材料类型	申请材料名称
申请表	打印签字或盖章的登记申请表　　　　一份＿＿＿页
软件鉴别材料	软件源程序　　　　　　　　　　　　一份＿＿＿页 软件文档（1）　　　　　　　　　　一份＿＿＿页 软件文档（2）　　　　　　　　　　一份＿＿＿页
身份证明文件	申请人身份证明复印件　　　　　　　一份＿＿＿页 代理人身份证明复印件　　　　　　　一份＿＿＿页
权利归属证明文件	软件转让合同或协议　　　　　　　　一份＿＿＿页 承受或继承证明文件　　　　　　　　一份＿＿＿页
其他材料	一份＿＿＿页 　　　　　　　　　　　　　　　　　一份＿＿＿页 　　　　　　　　　　　　　　　　　一份＿＿＿页 　　　　　　　　　　　　　　　　　一份＿＿＿页

填写说明：

请按照提示要求提交有关申请材料，并在提交申请材料清单中准确填写实际交存材料页数。若提示中没有的，请填写材料名称及其页数。该页是申请表的组成部分与申请表一并打印提交。

二、说明书

案例：铁路灯丝继电器检修系统详细设计说明书
详细设计说明书（Procedural Design Specification）

（一）引言

1. 编写目的

软件编写目的：给铁路电务段检修人员或其管理人员提供一种铁路灯丝继电器检修系统，同时也提供给电子信息专业和计算机网络相关专业的学生和老师学习智能仪表和 Visual Basic 编程的一种方法。

软件面向读者对象：铁路电务段检修人员或其管理人员、电子信息专业和计算机网络专业的学生和老师。

2. 项目背景

（1）项目介绍。

开发软件名称：铁路灯丝继电器检修系统。

开发者：张三、李四。

用户：铁路电务段检修人员或其管理人员、电子信息专业和计算机网络专业的学生和老师。

运行环境：个人电脑。

开发平台：Visual Basic 6.0 平台，ACCESS 2003 数据库。

（2）项目背景。

信号机点灯电路是用来控制信号机的显示状态，直接向机务人员发出行车命令。各种信号的显示正确与否，直接关系到行车的安全问题。为此信号机点灯电路必须是具有严密性、可靠性的安全电路。信号机点灯电路断线，信号机就要灭灯。允许灯光灭灯时，要使信号显示降级，禁止灯光灭灯时，不允许信号机再开放。一般在每一个信号灯泡的点灯电路上都串有灯丝继电器，用以监督灯泡的完整性。灯丝继电器在使用过程中，会有损坏情况，为了快速地进行灯丝继电器的测试，也为了提高维护水平，提高检修人员工作效率，提高管理科学化，开发铁路灯丝继电器检修系统势在必行。

3. 定义

智能仪表：具有通信协议功能的电压、电流和电阻表等。

检修系统：使用编程语言编写的用于采集智能仪表的数据，并显示到指定区域，并与标准数值进行比对，判定是否符合要求的一种软件，同时具有打印、数据备份和数据恢复等功能。

4. 参考资料

[1] 张波. 室内灯丝继电器电流调整不当造成的故障分析与防范措施[J]. 科技资讯，2013（17）：110.

[2] 黄炳科，潘彦. 制作便携式交流灯丝转换继电器测试盒[J]. 铁道通信信号，2012，48（3）：37-38.

[3] 张文. 灯丝监督继电器存在问题及改进建议[J]. 铁道通信信号，2007（12）：20.

[4] 李婉春. 8 信息移频自动闭塞灯丝继电器的电流分析[J]. 铁道通信信号，2006（6）：24-25.

[5] 杨林. 自动闭塞采用 JZXC-16F 型防雷灯丝继电器后信号机闪灯现象的分析和处理[J]. 铁路通信信号工程技术，2004（6）：19-20.

[6] 李光辉，胡晓梅. 解决 JZCJ 型灯丝转换继电器底座裂纹的方法[J]. 铁道通信信号，2001（9）：42.

（二）总体设计

1. 需求概述

信号机点灯电路中用于监督信号机是否灭灯的灯丝继电器，用于信号机灯丝主副灯丝转换的灯丝转换继电器。灯丝继电器是电流型继电器，对电流有一定要求，我们管内大都用两种：H18 和 H16。前者一般用于站内，单位要求电流不小于 100MA，维规标准不大于 100MA；后者一般用于区间，单位要求电流不小于 140MA，维规标准不大于 140MA；还有别的类型的 DJ，如用于道口信号机的，型号不一定相同，但原理基本一样。

目前对于灯丝继电器的测试，只能通过外接测试电路连线完成，一是造成部分参数无法测试，二是工作效率低，三是造成安全隐患（如不小心造成器材损坏，容易造成触电事故），既不安全也不能保证测试的精度，工作效率更低。进行检修时，以手工方式记录检修的数据结果，工作量非常大，容易出现差错；而且大部分的数据记录还停留在纸质保存上，很难进行准确分类、快速检索，在查询时速度较慢、效率低；管理上力不从心，浪费人力、物力和财力，时间一久，很容易出现错误，更容易造成数据的丢失。

为了提高维护水平，提高检修人员工作效率，提高管理科学化的需要，对原有的测试台进行分析和改进，开发铁路灯丝继电器检修系统。

2. 软件结构

灯丝继电器检修系统结构如图 1 所示。主要由灯丝继电器数据采集、灯丝继电器报表生成、系统数据维护和报表预览打印等四部分组成。

（三）程序描述

1. 功能

（1）利用连接到灯丝继电器检修平台的智能仪表采集不同的电压、电流和电阻。

（2）使用上位机软件发送相应的命令间隔读取智能仪表的数据。

（3）将采集到的电流、电压和电阻显示到指定的区域，并且把所有数据保存到数据库。

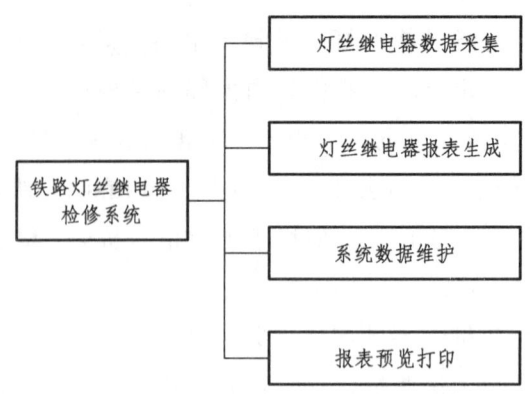

图 1　铁路灯丝继电器检修系统结构图

（4）能够对所有的数据进行数据备份和数据恢复。

（5）可以按照预设的格式自动生成报表，并有预览和打印等功能。

2．性能

（1）系统界面简洁大方，便于操作，展现简洁界面。

（2）能够间隔读取智能仪表显示的电流、电压和电阻。

（3）系统所设计的功能满足灯丝继电器检修需求，体现实用性。

（4）安全性，具有数据备份和数据恢复功能，出现异常情况时可以对系统进行数据还原。

（5）系统有良好的易维护性和可扩展性，可以根据实际需要增加新的功能模块。

（6）线路安装简单、维修方便、扩展性强、施工方便等特点。

3．输入项目

输入数据主要有两部分：一部分是从灯丝继电器检修平台送过来的数据，主要有检修数据、厂家信息、测试数据和接点测试数据。检修数据包括编号、型号、接地电阻、使用地点、检修记录、出所时间、接点通断、检修人和验收人；厂家信息包括厂家编号、出厂时间、生产厂家；测试数据包含线圈电阻、托片间隙、工作值和释放值；接点测试数据包括接点间隙、接点动合、接点动断等。具体界面如图 2 所示。

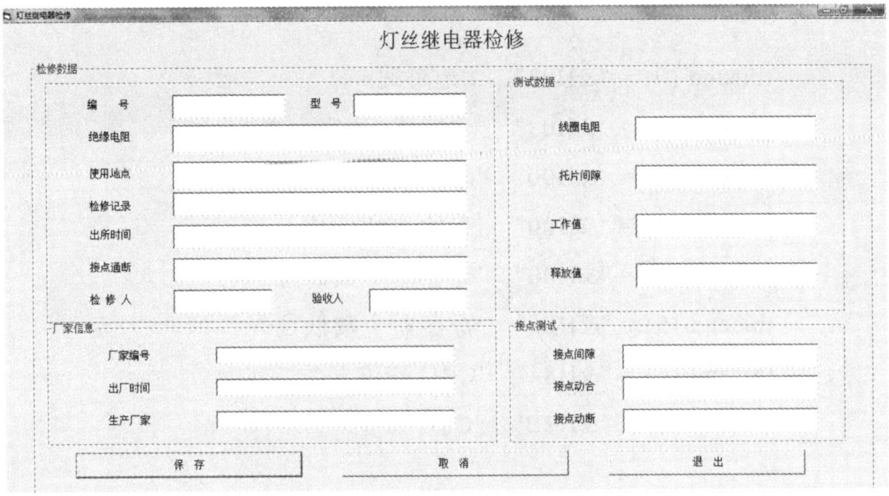

图 2　灯丝继电器检修系统界面

4. 输出项目

本程序输出项为返回用户的输入项，并且要求用户确认输入项是否正确，故输出项与输入项要求一致，具体可参见输入项。

5. 算法

由于每个智能仪表都有其固定的地址，因为上位机要间隔地向连接到总线上的智能仪表发送指定的地址和操作指令，当智能仪表接收到与本身地址一直的指令时，就会向上位机发送数据。上位机定时向智能仪表发送地址和操作指令的程序如下：

```
Private Sub Timer1_Timer ()

    Dim tbisend (7) As Byte
    Dim ybisend (7) As Byte


    Temp = Temp + 1


    If Temp = 1 Then
```

tbisend (0) = "&H03"   '地址码
tbisend (1) = "&H03"   '功能码 读寄存器
tbisend (2) = "&H00"   '起始地址高位
tbisend (3) = "&H00"   '起始地址低位
tbisend (4) = "&H00"   '寄存器个数高位
tbisend (5) = "&H05"   '寄存器个数低位
tbisend (6) = "&H84"   'CRC 高位
tbisend (7) = "&H2B"   'CRC 低位

MSComm1.Output = tbisend

ElseIf Temp = 2 Then
ybisend (0) = "&H04"   '地址码
ybisend (1) = "&H03"   '功能码 读寄存器
ybisend (2) = "&H00"   '起始地址高位
ybisend (3) = "&H00"   '起始地址低位
ybisend (4) = "&H00"   '寄存器个数高位
ybisend (5) = "&H05"   '寄存器个数低位
ybisend (6) = "&H85"   'CRC 高位
ybisend (7) = "&H9C"   'CRC 低位

MSComm1.Output = ybisend

ElseIf Temp = 3 Then
ybisend (0) = "&H0A"   '地址码
ybisend (1) = "&H03"   '功能码 读寄存器
ybisend (2) = "&H00"   '起始地址高位

```
ybisend (3) = "&H00"    '起始地址低位
ybisend (4) = "&H00"    '寄存器个数高位
ybisend (5) = "&H05"    '寄存器个数低位
ybisend (6) = "&H84"    'CRC 高位
ybisend (7) = "&HB2"    'CRC 低位
MSComm1.Output = ybisend



End If
If Temp > 3 Then Temp = 0


End Sub
```

6. 程序逻辑

见图 3。

7. 接口

（1）人机接口。

本系统的人机接口即用 Visual Basic 6.0 制作的人机交互界面。界面通过硬件设备展示给用户从而让用户进行操作以达到人机交互的目的。

（2）输入和输出接口。

输入接口：利用现有的工业 PC 机、工业标准通信控制网络和通用控制级设备，来构成小型的检测系统，使用上位计算机结合下位智能仪表来实现检测功能。输入接口使用 RS 485 总线将所有的智能仪表相连，通过串行口将所有数据送入系统中。

输出接口：包含数据库接口、打印机接口和显示屏接口、

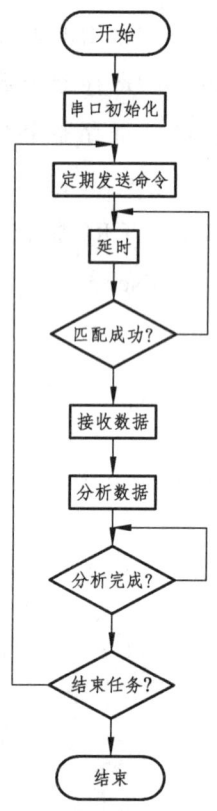

图 3　工作流程图

8. 限制条件

系统中采用的智能仪表有其特殊性，因此需要参考智能仪表的说明书，不同的智能仪表具有不同的地址，因此在发送时，需要循环定期的发送不同的指令，以便能获取不同的智能仪表的数据，实现电压、电流和电阻等参数的采集。

9. 测试要点

无。

三、源代码

```
Private Sub mysdata5_Click() '灯丝继电器检修，绘制生成的报表的模版格式
    Dim i As Integer, j As Integer
    Picture1.Visible = False
    With MSHFlexGrid1
        .Redraw = False
        .Rows = 5
        .Cols = 20
        .MergeCells = flexMergeFree
        .WordWrap = True
        .FixedRows = 4
        .FixedCols = 0
        For i = 0 To .Cols - 1
            .Col = i
            .Row = 0
            .CellAlignment = 4
            .Row = 1
            .CellAlignment = 4
            .Row = 2
            .CellAlignment = 4
            .Row = 3
            .CellAlignment = 4
        Next i

        .ColWidth(0) = 300
        For i = 1 To 4
            .ColWidth(i) = 1000
        Next i
        For i = 5 To 10
            .ColWidth(i) = 600
        Next i
        For i = 11 To 14
            .ColWidth(i) = 800
```

```
Next i
For i = 15 To 19
    .ColWidth(i) = 600
Next i

.RowHeight(1) = 400

For i = 0 To 5
    .MergeCol(i) = True
Next i

For i = 8 To 11
    .MergeCol(i) = True
Next i

.MergeRow(1) = True

For i = 11 To 19
.MergeCol(i) = True
Next i

For i = 0 To .Cols - 1
    .TextMatrix(0, i) = i + 1
Next i

.TextMatrix(1, 0) = "序号"
.TextMatrix(2, 0) = "序号"
.TextMatrix(3, 0) = "序号"
.TextMatrix(1, 1) = "检修日期"
.TextMatrix(2, 1) = "检修日期"
.TextMatrix(3, 1) = "检修日期"
.TextMatrix(1, 2) = "名称型号"
```

.TextMatrix(2, 2) = "名称型号"
.TextMatrix(3, 2) = "名称型号"
.TextMatrix(1, 3) = "编号"
.TextMatrix(2, 3) = "编号"
.TextMatrix(3, 3) = "编号"
.TextMatrix(1, 4) = "线圈电阻"
.TextMatrix(2, 4) = "线圈电阻"
.TextMatrix(3, 4) = "线圈电阻"

.TextMatrix(1, 5) = "接点间隔"
.TextMatrix(2, 5) = "接点间隔"
.TextMatrix(3, 5) = "mm"

.TextMatrix(1, 6) = "接点压力"
.TextMatrix(1, 7) = "接点压力"
.TextMatrix(2, 6) = "动合"
.TextMatrix(2, 7) = "动断"

.TextMatrix(1, 8) = "托片间隔"
.TextMatrix(2, 8) = "托片间隔"
.TextMatrix(3, 8) = "mm"

.TextMatrix(1, 9) = "工作值"
.TextMatrix(2, 9) = "工作值"
.TextMatrix(3, 9) = "A"
.TextMatrix(1, 10) = "释放值"
.TextMatrix(2, 10) = "释放值"
.TextMatrix(3, 10) = "A"
.TextMatrix(1, 11) = "绝缘电阻"
.TextMatrix(2, 11) = "绝缘电阻"
.TextMatrix(3, 11) = "绝缘电阻"
.TextMatrix(1, 12) = "接点通断情况"

.TextMatrix(2, 12) = "接点通断情况"
.TextMatrix(3, 12) = "接点通断情况"
.TextMatrix(1, 13) = "检修情况记录"
.TextMatrix(2, 13) = "检修情况记录"
.TextMatrix(3, 13) = "检修情况记录"
.TextMatrix(1, 14) = "使用地点位置"
.TextMatrix(2, 14) = "使用地点位置"
.TextMatrix(3, 14) = "使用地点位置"
.TextMatrix(1, 15) = "厂家编号"
.TextMatrix(2, 15) = "厂家编号"
.TextMatrix(3, 15) = "厂家编号"
.TextMatrix(1, 16) = "出厂时间"
.TextMatrix(2, 16) = "出厂时间"
.TextMatrix(3, 16) = "出厂时间"
.TextMatrix(1, 17) = "生产产家"
.TextMatrix(2, 17) = "生产产家"
.TextMatrix(3, 17) = "生产产家"
.TextMatrix(1, 18) = "检修人"
.TextMatrix(2, 18) = "检修人"
.TextMatrix(3, 18) = "检修人"
.TextMatrix(1, 19) = "验收人"
.TextMatrix(2, 19) = "验收人"
.TextMatrix(3, 19) = "验收人"

Dim cnnAccess As New ADODB.Connection   '定义数据库连接变量
Dim rstAnswers As New ADODB.Recordset   '定义记录集

If cnnAccess.State <> 0 Then cnnAccess.Close
    cnnAccess.Provider = "Microsoft.Jet.OLEDB.4.0"
    cnnAccess.Open "Data Source =" & App.Path & "\EMS.mdb"   '挂接数据库作为数据源

```
            Set rstAnswers = cnnAccess.Execute("SELECT * FROM 灯丝")
            i = 4
            Do While Not rstAnswers.EOF
                .Rows = .Rows + 1
                .TextMatrix(i, 0) = i - 3
                For j = 0 To rstAnswers.Fields.Count - 1
                    .TextMatrix(i, j + 1) = IIf(IsNull(rstAnswers.Fields(j)), "", rstAnswers.Fields(j))
                Next j
                i = i + 1
                rstAnswers.MoveNext
            Loop
            rstAnswers.Close
            Set rstAnswers = Nothing
            cnnAccess.Close
            Set cnnAccess = Nothing

            .Rows = 15

            .Redraw = True
            .Refresh
        End With
        '设置页眉页脚及标题等内容
        With GridPrint1
            .Reset
            .Orientation = True
            .LeftMagin = 10
            .RightMagin = 10
            .SetTitle1 "灯丝继电器检修测试记录卡片", 24, "宋体", , "1000"
            .BindGridObject MSHFlexGrid1
        End With
End Sub
```

```
Private DB As ADODB.Connection
Private RS As ADODB.Recordset
'以下是使所有的控件随着窗体变化而变化
'保存窗体的原始宽度
Private FormOldWidth As Long
'保存窗体的原始高度
Private FormOldHeight As Long
Dim Temp As Integer


Public Sub ResizeInit(FormName As Form)
    Dim Obj As Control
    FormOldWidth = FormName.ScaleWidth
    FormOldHeight = FormName.ScaleHeight
    On Error Resume Next
    '保存
    For Each Obj In FormName
    Obj.Tag = Obj.Left & " " & Obj.Top & " " & Obj.Width & " " & Obj.Height & " "
    Next Obj
End Sub
'按比例改变表单内各元件的大小，
Public Sub ResizeForm(FormName As Form)
    Dim Pos(3) As Double
    Dim i As Long, TempPos As Long, StartPos As Long
    Dim Obj As Control
    Dim ScaleX As Double, ScaleY As Double
    '保存窗体宽度缩放比例
    ScaleX = FormName.ScaleWidth / FormOldWidth
    '保存窗体高度缩放比例
    ScaleY = FormName.ScaleHeight / FormOldHeight
    On Error Resume Next
```

```vb
        For Each Obj In FormName
            StartPos = 1
            For i = 0 To 3
            '读取控件的原始位置与大小
            TempPos = InStr(StartPos, Obj.Tag, " ", vbTextCompare)
            If TempPos > 0 Then
            Pos(i) = Mid(Obj.Tag, StartPos, TempPos - StartPos)
            StartPos = TempPos + 1
            Else
            Pos(i) = 0
            End If
            '根据控件的原始位置及窗体改变大小的比例对控件重新定位与改变大小
            Obj.Move Pos(0) * ScaleX, Pos(1) * ScaleY, Pos(2) * ScaleX, Pos(3) * ScaleY
            Next i
            Next Obj
End Sub
'结束结束


Private Sub BC_Click()

Set RS = New ADODB.Recordset
RS.Open "灯丝", DB, adOpenKeyset, adLockOptimistic '打开数据库
'查找是否有重复编号
Dim i As Integer
Dim response1
response1 = 0
For i = 1 To RS.RecordCount
    RS.AbsolutePosition = i
      If RS("编号") = bh.Text Then
         response1 = MsgBox("该编号已经存在，请重试！ ", , "重复记录")
         Exit Sub
      End If
```

```
Next



Dim response2
If response1 = 0 Then
    response2 = MsgBox("如果无误，请确认！", vbOKCancel, "添加")
    If response2 = 1 Then

        RS.AddNew '把数据增加到数据库中

        RS("出所时间") = cssj.Text
        RS("型号") = xh.Text
        RS("编号") = bh.Text
        RS("线圈电阻") = xjdz.Text
        RS("接点间隙") = jdjx.Text
        RS("接点动合压力") = jddh.Text
        RS("接点动断压力") = jddd.Text
        RS("托片间隙") = tpjx.Text
        RS("工作值") = gzz.Text
        RS("释放值") = sfz.Text
        RS("绝缘电阻") = dz.Text
        RS("接点通断情况") = jddt.Text
        RS("检修记录") = jxjl.Text
        RS("使用地点") = sydd.Text
        RS("厂家编号") = cjbh.Text
        RS("出厂时间") = ccsj.Text
        RS("生产厂家") = sccj.Text
        RS("检修人") = jxr.Text
        RS("验收人") = ysr.Text

        If Trim(bh.Text) = "" Then
            MsgBox "编号不能为空！", vbOKOnly, "输入错误"
```

```
        bh.SetFocus
    Exit Sub
    End If
    '刷新数据库
    RS.Update
    '把页面的数据清空
    cssj.Text = ""
    xh.Text = ""
    bh.Text = ""
    xjdz.Text = ""
    jdjx.Text = ""
    jddh.Text = ""
    jddd.Text = ""
    tpjx.Text = ""
    gzz.Text = ""
    sfz.Text = ""
    dz.Text = ""
    jddt.Text = ""
    sydd.Text = ""
    cjbh.Text = ""
    ccsj.Text = ""
    sccj.Text = ""
    jxr.Text = ""
    ysr.Text = ""
  Else
    Exit Sub
  End If
 End If
End Sub
```

```
Private Sub Form_Resize()
Call ResizeForm(Me) '确保窗体改变时控件随之改变
End Sub


Private Sub Form_Load()
    Call ResizeInit(Me) '在程序装入时必须加入
    Set DB = New ADODB.Connection
    DB.Open  "Provider=  Microsoft.jet.oledb.4.0;Data  Source="  &  App.Path  &
"\EMS.mdb"

    MSComm1.InputMode = comInputModeBinary            '以二进制格式读
取数据
    MSComm1.RThreshold = 8            '设置并返回的要接收的字符数
    MSComm1.SThreshold = 0            '设置并返回传输缓冲区中允许的最
小字符数
    MSComm1.InputLen = 0
    MSComm1.Settings = "9600,n,8,1"
    MSComm1.PortOpen = True

End Sub



Private Sub TC_Click(Index As Integer)
Dim IntR As Integer
    IntR = MsgBox("确认要退出检测吗？", vbYesNo, "退出确认")
    If IntR = vbYes Then
      Form2.Show
      Unload Me
    End If
End Sub
```

'设置一个时钟，定期去读取智能仪表的地址，以便获得数据
Private Sub Timer1_Timer()

　　Dim tbisend(7) As Byte
　　Dim ybisend(7) As Byte

　　Temp = Temp + 1

　　If Temp = 1 Then

　　　　tbisend(0) = "&H04"　　　'地址码
　　　　tbisend(1) = "&H03"　　　'功能码 读寄存器
　　　　tbisend(2) = "&H00"　　　'起始地址高位
　　　　tbisend(3) = "&H00"　　　'起始地址低位
　　　　tbisend(4) = "&H00"　　　'寄存器个数高位
　　　　tbisend(5) = "&H05"　　　'寄存器个数低位
　　　　tbisend(6) = "&H85"　　　'CRC 高位
　　　　tbisend(7) = "&H9C"　　　'CRC 低位

　　　　MSComm1.Output = tbisend

　　ElseIf Temp = 2 Then
　　　　ybisend(0) = "&H05"　　　'地址码
　　　　ybisend(1) = "&H03"　　　'功能码 读寄存器
　　　　ybisend(2) = "&H00"　　　'起始地址高位
　　　　ybisend(3) = "&H00"　　　'起始地址低位
　　　　ybisend(4) = "&H00"　　　'寄存器个数高位
　　　　ybisend(5) = "&H05"　　　'寄存器个数低位
　　　　ybisend(6) = "&H84"　　　'CRC 高位
　　　　ybisend(7) = "&H4D"　　　'CRC 低位

　　　　MSComm1.Output = ybisend

```
ElseIf Temp = 3 Then
    ybisend(0) = "&H08"    '地址码
    ybisend(1) = "&H03"    '功能码 读寄存器
    ybisend(2) = "&H00"    '起始地址高位
    ybisend(3) = "&H00"    '起始地址低位
    ybisend(4) = "&H00"    '寄存器个数高位
    ybisend(5) = "&H05"    '寄存器个数低位
    ybisend(6) = "&H85"    'CRC 高位
    ybisend(7) = "&H50"    'CRC 低位

    MSComm1.Output = ybisend

End If
If Temp > 3 Then Temp = 0

End Sub

Private Sub MSComm1_OnComm()
    Dim Inbyte() As Byte
    Dim buffer As String
    Dim HData As String
    Dim BytesReceived() As Byte
    Dim f As Single

    Select Case MSComm1.CommEvent
    Case comEvReceive
        Inbyte = MSComm1.Input '获取传送过来的数据到 inByte 数组中
        BytesReceived() = Inbyte            '将数据转入 Byte 数组中
        For i = 0 To UBound(BytesReceived)    '显示结果以十六进制显示
            If Len(Hex(BytesReceived(i))) = 1 Then
                HData = HData & "0" & Hex(BytesReceived(i))
```

```
                Else
                    HData = HData & Hex(BytesReceived(i))
                End If
            Next
    Case comEvSend
    End Select

      If Temp = 1 Then
          Call Data_process(HData, result)
          gzz.Text = result
      End If
      If Temp = 2 Then
          Call Data_process(HData, result)
          sfz.Text = result
      End If

      If Temp = 3 Then
          Call Data_process(HData, result)
          dz.Text = result
      End If

End Sub
```

四、合作协议书

计算机软件著作权合作开发协议

甲方：

乙方：

  鉴于，协议各方均为计算机软件专业开发人员，能够进行创造性的软件开发活动。并且，协议各方有意愿共同从事软件的开发工作。

为了规范各方的权利义务，在《中华人民共和国民法典》及其他相关法规政策的原则指导下，订立本协议书，各方共同遵守：

第一条　合作宗旨

为完成"基于 VB 的 XX 系统 V1.0"软件的开发工作，并共同享有开发成果而合作。

第二条　合作项目和范围

协议各方共同开发"基于 VB 的 XX 系统 V1.0"软件，合作范围包括软件的代码编写、调试、测试等开发工作。

第三条　合作方式

1. 协议各方按照软件编程工作的正常分工进行编写，任何一方不得随意更改软件的重大功能和事项，以免对其余各方造成履约困难。

2. 合作各方应坚持勤勉努力诚实信用的原则，进行各方分别负责的软件的编程工作，并考虑到各方软件的兼容和接合。如部分合作人发生特殊技术困难，其余合作方有义务为其提供合理适当的技术帮助。

第四条　知识产权

1. 各方编写的软件源代码、技术文档及汇编而成的程序本身，其著作权均由合作方共同享有。

2. 合作各方在编写软件的过程中，不得有侵犯他人知识产权的行为，否则，应对外承担全部侵权责任。

第五条　协议变更

1. 经合作各方协商同意，本协议可以作相应变更；

2. 任何合作方未经与其他各方协商，擅自变更本协议条款或者将本协议权利义务转让他人，均为无效。

第六条　禁止行为

1. 未经全体合作方同意，禁止任何合作方私自以团体名义进行业务活动；如其业务获得利益归合作各方共有，造成损失按实际损失赔偿。

2. 禁止合作方泄露本协议所涉及的相关商业秘密。

第七条　合作的终止

合作开发活动因以下事由之一得终止：

1. 全体合作人同意终止合作关系；

2. 合作项目因技术原因，根本不能完成；

3. 合作项目违反法律被撤销。

第八条　纠纷的解决

合作各方之间如发生纠纷，应共同协商，本着有利于事业发展的原则予以解决。如协商不成，可以诉诸法院。

第九条　本协议如有未尽事宜，应由合作人集体讨论补充或修改。补充和修改的内容与本协议具有同等效力。

各方签署：

甲方：	乙方：
20××年××月××日	20××年××月××日

5. 其他材料

双方身份证复印件或者营业执照。

附 录

一、柳州市专利资助与奖励办法（试行）（柳政规〔2018〕28号）

第一章 总则

第一条 为深入实施创新发展战略和知识产权战略，充分发挥柳州市专利资助和奖励经费（以下简称"资助奖励经费"）对自主创新的激励、推动作用，根据《广西壮族自治区专利条例》和《广西壮族自治区专利资助和奖励办法（试行）》（桂财教〔2017〕55号），结合柳州实际，制定本办法。

第二条 资助奖励经费在柳州市应用技术研究与开发经费中列支，支出范围包括专利资助和奖励经费。

第三条 资助奖励经费的管理和使用遵循"公开透明、科学管理、注重实效、利于监督"的原则。资助奖励经费由市财政局、科技局（知识产权局）共同管理，市科技局（知识产权局）负责具体组织实施，包括制定相关申报指南，做好资助奖励申报受理、审核、公示、拨付等具体工作。

第二章 管理机构的职责

第四条 市财政局是资助奖励经费的监管部门，其主要职责是：

（一）确定资助奖励经费的使用原则；

（二）审核、批复年度资助奖励经费预算和决算；

（三）会同市科技局（知识产权局）开展绩效评价和资助奖励经费使用的监督检查。

第五条 市科技局（知识产权局）是资助奖励经费的主管部门，

其主要职责是：

（一）联合市财政局确定资助奖励经费的支持方向；

（二）编制年度资助奖励经费的预算和决算；

（三）组织对资助奖励经费申报的受理、审核、公示、拨付等环节的工作；

（四）检查、监督资助奖励经费的管理和使用情况；

（五）对资助奖励经费使用情况进行绩效评价。

第三章 资助奖励的对象、范围、标准与条件

第六条 资助奖励对象

（一）在柳州市注册或登记的企事业、社会团体等法人单位。

（二）身份证或居住证地址在柳州市行政辖区内的中国公民。

第七条 资助奖励范围与标准

（一）资助通过专利合作条约（即PCT）的国际申请费用。个人申请的资助0.5万元/件，单位申请（含单位与个人共同申请）的资助1万元/件。

（二）资助国内有效发明专利自授权当年起6年内的部分年费。一个专利权人资助当年应缴年费的7.5%，两个以上（含两个）专利权人资助当年应缴年费的15%。

（三）奖励获国内授权的发明专利0.5万元/件；奖励代理柳州发明专利申请并获授权的专利代理机构0.05万元/件；奖励获香港、澳门授权的发明专利0.1万元/件；奖励通过PCT途径获外国授权的发明专利2万元/件，同一发明技术获得多个国家授权的最多奖励2次。

（四）奖励首次获得国内发明专利授权的企业1万元/家。

（五）奖励国内有效专利拥有量首次达到1000件（其中发明专利达200件）、500件（其中发明专利达120件）和100件（其中发明专利达30件）的企事业单位50万元/家、20万元/家和10万元/家。

（六）奖励年度获得国内发明专利授权50件（含）以上的高等学校2万元/家；奖励年度获得国内发明专利授权20件（含）以上的其

他单位 2 万元/家。

（七）奖励中国专利金奖或中国外观设计金奖 50 万元/件；奖励中国专利优秀奖或中国外观设计优秀奖 5 万元/件。

（八）奖励维持时间长的有效发明专利，自申请日起满 10 年的奖励 0.5 万元/件，满 15 年的奖励 1 万元/件。

（九）奖励国家知识产权示范企业 5 万元/家，奖励国家知识产权优势企业 3 万元/家。

（十）奖励通过企业知识产权规范管理体系认证的企业 5 万元/家，已获得市本级科技（知识产权）相应项目支持的不再奖励。

（十一）获得国家知识产权试点或示范园区认定的，每家一次性资助 50 万元；获得自治区知识产权试点或示范园区认定的，每家一次性资助 20 万元。

该资助资金只能通过申报柳州市科技计划项目获得并用于开展试点、示范的建设工作。

（十二）获得国家知识产权试点县区认定的，每县区一次性资助 50 万元；获得国家知识产权示范县区认定的，每县区一次性资助 70 万元。获得自治区知识产权试点县区认定的，每县区一次性资助 30 万元；获得自治区知识产权示范县区认定的，每县区一次性资助 50 万元。

该资助资金只能通过申报柳州市科技计划项目获得并用于开展试点、示范的建设工作。

（十三）对通过考试获得国家专利代理人资格证的，并在柳州市专利代理机构或企事业单位任职，且任职合同 2 年以上的代理人，一次性奖励 0.5 万元。

（十四）奖励全国中小学知识产权教育示范单位 5 万元/家，奖励广西中小学生发明创造试点示范单位 3 万元/家。

第八条 资助奖励条件

（一）权属清晰、明确。

（二）资助奖励对象近三年内未被纳入各级政府或部门的失信惩戒

名单。

（三）属于国家知识产权局《关于规范专利申请行为的若干规定》所列非正常申请专利行为获得的专利不予资助奖励。

（四）本办法第七条第四、五款奖励项目，不包括由受让获得的发明专利。

第四章　申办流程

第九条　申办时间

符合本办法第七条规定的资助奖励项目（另有规定的除外），应由符合条件的申请人或申请人委托的专利代理机构在满足条件起6个月内申报。

第十条　申办程序

（一）申报。由申请人提交书面申请材料及相关凭证至市知识产权局指定受理点。

（二）初审。现场查验申请人提交的材料。审核未通过的，说明原因并予以退回。

（三）公示。对初审通过的名单，在柳州市科技局网站上公示5个工作日。经公示有异议的且异议成立的，不予资助或奖励。

（四）拨付。经公示无异议或异议不成立的，按照柳州市财政资金管理的有关规定，将资助奖励经费拨付至申请人或申请人指定的专利代理机构账户。

第五章　管理使用、监督检查和绩效评价

第十一条　资助奖励经费的管理

资助奖励经费以当年预算额度为限，专款专用，不得挪作它用。当年资助奖励经费如有结余，按照市财政局关于结余资金管理的有关规定执行。

第十二条　资助奖励经费的使用

资助奖励经费专项用于推动本单位的专利工作、奖励有关发明人及相关人员。任何单位和个人不得以任何理由和方式截留、挤占和挪用。

第十三条　资助奖励经费的监督检查

资助奖励经费的使用单位应自觉接受财政、审计、科技、知识产权等部门的监督检查，如实提供相关数据和资料。对提供虚假数据和资料应付监督检查的，一经发现，3 年内不再予以资助和奖励。

第十四条　资助奖励经费的绩效管理

市科技局（知识产权局）在向市财政局申请安排资助奖励经费预算时，要按照预算绩效管理的相关规定设置可量化、可考核的预算绩效目标，对经费的使用效果开展绩效评价，并将绩效评价相关材料报市财政局备案。绩效评价结果包括评价报告、指标评分表及有关佐证材料等。财政局负责审核和批复预算绩效目标，并根据实际情况，对市科技局（知识产权局）报送的绩效评价结果进行确认或实施项目绩效再评价。确认或绩效再评价的结果将作为今后年度安排资助奖励经费预算的重要依据。

第十五条　违规处理

申请资助奖励的单位或个人应提供真实的材料和凭证，如有弄虚作假，一经发现，全数追回已资助奖励的经费，且 3 年内不予资助奖励；情节严重的，依法追究其相关责任。

第十六条　对单位和个人存在上述第十五条行为的，纳入单位和个人诚信记录。

第十七条　市财政、科技、知识产权等部门的有关人员以及办理资助奖励的工作人员在工作中存在失职渎职、滥用职权、玩忽职守、徇私舞弊等违法违纪行为的，按照《公务员法》《行政监察法》《预算法》《财政违法行为处罚处分条例》等国家有关规定追究相应责任；涉嫌犯罪的，移送司法机关处理。

第六章　附则

第十八条　本办法自发布之日起施行，有效期至 2020 年底。2013 年 12 月 30 日颁布施行的《柳州市专利申请资助及奖励办法》(柳政办〔2013〕189 号)同时废止。各县（区）政府、工业园区管委会应根据当地实际，制定相应管理办法。

第十九条 本办法由市财政局、市科技局（知识产权局）负责解释。

二、关于《柳州市专利资助与奖励办法（试行）》政策解读

为进一步规范和加强对柳州市专利资助与奖励经费的管理，市科技局（知识产权局）牵头对《柳州市专利申请资助及奖励办法》的通知（柳政办〔2013〕189号）进行了修订，在征求市财政局、市发改委等相关部门的意见后，形成了《柳州市专利资助与奖励办法（试行）》。

（一）修订原则

（1）坚持有利于提升专利质量和促进转化运用的政策导向，将支持重心由申请阶段的资助转移到授权后的奖励。

（2）坚持以结构调整为主，新增奖励为辅，进一步完善激励机制，新增一些激励发明创造和企业知识产权能力提升的奖励。

（3）坚持统筹兼顾与重点突出原则，调动各方积极性。

（4）加强信息公开。增加了资助奖励的公示环节，把关键节点信息面向社会公开，接受社会的监督。

（二）修订要点

1. 明确了资助奖励对象

明确为在柳州市注册或登记的企事业、社会团体等法人单位，以及身份证或居住证地址在柳州市行政辖区内的中国公民。

2. 调整了资助与奖励范围与标准

（1）不再资助国内专利申请费、实审费、代理费。提高对单位的PCT国际资助奖励标准，不再资助其他途径的外国专利申请费。

（2）调整国内有效发明专利部分年费资助标准，不再区分职务与

非职务，而是以专利权人为衡量，即"一个专利权人资助当年应缴年费的7.5%，两个以上（含两个）专利权人资助当年应缴年费的15%"。（与自治区不再重复资助）

（3）调整授权奖励标准。发明专利授权奖励标准由原每件奖励0.2万元提高到0.5万元。通过PCT途径获外国授权的发明专利，奖励标准由原每件奖励1万元提高到2万元，同一发明技术获得多个国家授权的最多奖励2次。明确奖励获香港、澳门授权的发明专利0.1万元/件。不再奖励其途径获外国授权的发明专利。

（4）调整中国专利金奖（中国外观设计金奖）奖励标准由原来的10万元/件提高到50万元/件。

（5）取消发明专利申请量的发明人排名奖励。

（6）将原企业、高等学校、科研机构等发明专利申请量排名奖励改为国内有效发明专利拥有量达标奖励，不设名额限制。

（7）增加"奖励代理柳州市发明专利申请并获授权的专利代理机构0.05万元/件"、"奖励首次获得国内发明专利授权的企业1万元/家"、"奖励国内有效专利拥有量首次达到1000件（其中发明专利达200件）、500件（其中发明专利达120件）和100件（其中发明专利达30件）的企事业单位50万元/家、20万元/家和10万元/家"、"奖励年度获得国内发明专利授权50件（含）以上的高等院校2万元/家，年度获得国内发明专利授权20件（含）以上的其他单位2万元/家"、"奖励维持时间长的有效发明专利，自申请日起满10年的奖励0.5万元/件，满15年的奖励1万元/件"、"奖励国家知识产权示范企业5万元/家，奖励国家知识产权优势企业3万元/家"、"奖励通过企业知识产权规范管理体系认证的企业5万/家"、" 对通过考试获得国家专利代理人资格证的，并在柳州市专利代理机构或企事业单位任职，且任职合同2年以上的代理人，一次性奖励0.5万元"、"奖励全国中小学知识产权教育示范单位5万元/家，奖励广西中小学生发明创造试点示范单位3万元/家"、增加"获得国家知识产权试点或示范园区认定的，每家一次性资助 50 万元；获得自治区知识产权试点或示范园区认定的，每家一次性资助 20 万元"、"获得国家知识产权试点县区认定的，每县区一次性资助 50 万元；获得国家知识产权示范县区认定的，每县区一次性资助 70 万元。获得自治区知识产权试点县区认定的，每县区一次性资助 30 万元；获得自治区知识产权示范县区认定的，每县区一次性资助 50 万元"（该资助资金只能通过申报柳州市科技计划项目获得并用于开展试点、示范的建设工作。）

3. 调整了资助奖励条件

新增了对资助奖励对象近三年内未被纳入国家和自治区的失信惩戒名单的诚信要求。

4. 加大了对资助奖励经费的监管力度

对于弄虚作假的单位或个人加大了处罚力度，列入单位和个人诚信记录。办理资助的工作人员也纳入监管范围。

参考文献

[1] 王丽霞. 创新的技术[M]. 杭州：浙江大学出版社，2016.

[2] 徐星. 漫谈知识产权[M]. 兰州：甘肃科学技术出版社，2015.

[3] 张瑛. 知识产权保护与专利制度运用[M]. 石家庄：河北科学技术出版社，2014.

[4] 高山行. 知识产权理论与实务[M]. 西安：西安交通大学出版社，2008.

[5] 卢达兴. 高职学生创新创业基础[M]. 成都：西南交通大学出版社，2018.

[6] 朱雪忠. 知识产权管理[M]. 北京：高等教育出版社，2010.